The Power Of
Your Subconscious Mind

潜意识的力量 2

创造财富和成功的秘诀

[美] 约瑟夫·墨菲 著
李瑾 译

北京燕山出版社
BEIJING YANSHAN PRESS

图书在版编目（CIP）数据

潜意识的力量. 2 / (美) 约瑟夫 · 墨菲著 ; 李瑾译
. — 北京 : 北京燕山出版社, 2018.9 （2022.11重印）

ISBN 978-7-5402-5231-1

Ⅰ. ①潜… Ⅱ. ①约… ②李… Ⅲ. ①下意识—通俗读物 Ⅳ. ①B842.7-49

中国版本图书馆CIP数据核字(2018)第257165号

潜意识的力量 2

著　　者：[美] 约瑟夫 · 墨菲　　　　译　　者：李　瑾

策　　划：双螺旋文化

责任编辑：战文婧　俞　伽

出版发行：北京燕山出版社有限公司

社　　址：北京市丰台区东铁匠营苇子坑 138 号

邮　　编：100079

电话传真：86-10-65240430

网　　址：http://www.bjyspress.com/

开　　本：880×1230　1/32

印　　张：8

字　　数：160 千字

版　　次：2019 年 10 月第 1 版

印　　次：2022 年 11 月第 4 次印刷

印　　刷：固安兰星球彩色印刷有限公司

书　　号：ISBN 978-7-5402-5231-1

定　　价：32.00 元

目　录

编辑寄语

打起精神，振作起来，好好生活！没有谁注定应该遭受不幸，在恐惧与焦虑中消耗一生；也没有谁注定应该饱受贫困的煎熬；更没有谁注定应该在疾病缠身中，独自咀嚼被抛弃的滋味，并自惭形秽。上帝根据自己的形象创造了人类，同时他也赐予了我们克服逆境的力量，赐予了我们获得幸福、和谐、健康和繁荣的力量。

在你的内心深处，拥有丰富自己生命的力量！至于如何去丰富你的生命，没有任何秘密可言。千百年来，人们反复宣扬、书写并实践这一真理。你会在古代圣贤的著述中发现这一真理。大道无所不在。你会在希伯来经文中读到它，在基督教福音书中读到它，在希腊哲学家的著作中读到它，在穆斯林的《古兰经》中读到它，在佛教经典中读到它，在印度的《薄伽梵歌》中读到它，在孔子和老子的教义中读到它，你甚至会在现代心理学家和神学家的著作中读到它。

这是约瑟夫·墨菲博士整个哲学体系的基础。墨菲博士是20世纪最伟大的励志作家和演说家之一。他不仅仅是一位牧师，还是阐释《圣经》和其他宗教作品的主要人物。墨菲博士是洛杉矶宗教神学会的会长。每个礼拜天前往参加其演说和布道的听众大约有1300到1500人，每天收听他广播节目的人数高达数百万。他出版了30多部作品，其中最著名的是《潜意识的力量》。该书于1963年第一次出版，一经出版立即成为畅销书，被看做是最优秀的自助指导作品，目前已经售出几百万册，并仍在世界各地畅销。

随着该书的成功，墨菲博士也名扬天下，并在不同国家给成千上万的人做演讲。在演讲中，他告诉人们如何在现实中具体地运用他的思想概念，从根本上提高生活质量，并为人们提供实际指导，使人们能够丰富自己的生活。

约瑟夫·墨菲博士是新思想运动(New Thought Movement)的倡导者。新思想运动兴起于19世纪末20世纪初，由许多哲学家和知识渊博的思想家促成。学者们对这一运动进行了深入研究后，极力颂扬新思想主旨，并在著书立说的同时实践新的生活方式。新思想运动主要是通过将形而上的、精神的和实用主义的方法结合在一起，来迎合我们的思考和生活方式。新思想运动向人们揭示了实现内心渴望的秘诀。

这一哲学思想体系并不是传统意义上的宗教，而是建立在对高级存在——上帝——这永恒存在无条件的信仰基础之上的。该思想体系名称众多，被称作“新思想”或“新文明”。

新思想或新文明运动的倡导者宣扬一种新的生活理念，这种生活理念产生了新的方法和更多日臻完善的结果。新思想主旨建立在这样的概念上，即人类心灵与物质世界的运行规律密切相关。后者把我们的生活与供给的普遍法则联系起来，我们有力量利用它来丰富我们的生活。为实现目标，我们必须付出努力，当然，我们可能要为此付出代价，经受各种艰难困苦。只有当我们找到这条法则并正确理解它之后，才能完成这一目标。而在漫长的人类历史中，我们发现这一法则似乎是上帝用谜语写成的谶语。

新思想概念可以总结如下：

你想成为什么就会成为什么。

不管是能实现的目标还是不能实现的目标，都是我们思想的直接结果。在秩序井然的宇宙中，哪里失去了平衡就意味着哪里会遭到彻底毁灭，对此，个人要负有义不容辞的责任。我们的弱点和长处、清白和罪恶，该是我们自己的就是我们自己的，该是他人的就是他人的，是我们自己带来的就决不能归咎于他人。只有我们自己才能够改变自己的处境，他人不能。所有的幸福和痛苦都是由内心发展而来的，我们想什么就是什么；我们不断地想什么，就会保持什么。我们想要提高生活质量、征服困难挫折并实现人生目标，惟一的方法就是提升自己的思想。软弱、不幸和悲惨的惟一原因是拒绝提升自己的思想。

所有的成就，不管是事业上的、智力上的，还是精神上的，都是有明确的思想指导的结果，都是有同样的法则控制的结果，在方法上具有同一性，惟一的区别在于获得的目的不同。那些获得少的做出的牺牲要少；那些想获得多的就要做出更多的牺牲；那些想获得丰厚回报的则必须做出巨大的牺牲。

新思想意味着一种新的生活：一种使一切日常行为举止更加健康、更加幸福、更有成就的生活方式。

新生活是在古老的、普遍的思想法则中被预言的，是每个人心灵中看待无限精神的一种方法。

实际上，新思想中没有什么新的东西，它和人类的历史一样古老，一样悠久。当我们揭示使我们免于匮乏、局限和不幸的生活真理时，对我们来说，这样的生活真理就是新的。这时候，新思想便成为一个复兴现象，它扩展了我们内心创造性的意识、思想法则以及成为什么和成就什么的潜力，更多地去表达个人的和自然的能力、天赋和才智。意识法则的核心是，新思想、新观点、新态度和新信仰会产生新的条件："根据我们的信念，对我们作出相应的反应。"好的、坏的、中性的，无所不包。新思想的实质是思想的持续更新，通过这种更新我们能够证明什么是好的、什么是可接受的。

证明就是确定无疑地搞清楚，就是去拥有可靠的知识和经验。新思想的真理是可行的，这一点很容易证明，在每个人为领域之内都会有体现。比如说，如果他（她）想作出选择或当他（她）作出选择时。

新思想所需要的就是开放的头脑和心甘情愿的态度：随时准备以一种崭新的、不同的方式去倾听古老的真理，随时愿意改变并放弃陈旧的、过时的信念，接受崭新的观点和概念，从而拥有更加高尚的生活视野，或者修复内在的灵魂。

思想意识的更新是新思想的全部目的和实践性做法。没有这种持续的、日常的更新，就不会产生变化。真正的新思想就是建立并实现完全崭新的态度和思想意识，这会激励我们朝着“更富裕的生活”迈进，并使我们能够过上更富裕的生活。

在内心，我们拥有无限的力量去选择，去决定，而且我们拥有完全的自由去选择和决定是否该顺应或者接受改变。所谓顺应就是根据已经获得或者规定的某种形式——那些可见的，对我们的感觉、观点、意见、信仰和他人的律令来说有目共睹的形式，接受“瞬时间一闪而过的、不易把握的方式和条件”的指导去生活。“顺应”一词表明我们接受当前的环境所具有的形式。我们不能、也不应该否认它的存在。我们周围充满着不公正的行为、不适当的行动、不平等的事情。而且，我们可能会发现自己有时也会卷入其中，我们应当拿出勇气来诚实地面对，用我们所拥有的正直和智慧，竭尽所能，全力以赴，解决这些问题。

一般来说，人们所处的环境是导致当前条件和状况的原因。通常，人们的反应和趋势是顺应当前的状况，并默默接受目前的状态，这一点世人普遍接受，并对此深信不疑。这一类型是顺应最差的表现类型，即失败主义的意识。说是最差，是因为人们是自愿承受的，没有被谁强迫。由于缺乏对我们非凡的意识和创造性想象的力量的基本能力的了解，对外部环境、状况、经验的选择和决定，都要为我们的目标和愿望负责。新思想是与我们现在所认识的真理相呼应的能力的更新，是坚持思想意识、认识和对我们生活中的责任的认可。

最活跃的和最有战斗力的新思想运动的导师之一查尔斯·费尔默(Charles Fillmore)，坚定地宣称个人责任。在他的著作《天启录》(*The Revealing Word*)中，他写道(简单明了，没有一语多义)："我们的意识就是真正的环境，外部环境总是与我们的意识相对应的。"

任何准备接受并愿意承担责任的人都开始了转变——思想的更新能使我们参与到我们变化了的生活中去。所谓"转化"就是"从一种条件或状态转向另一种条件或状态"(这从质量上来说更好，更有成效)。"从匮乏到富裕，从孤独到获得友情，从限制到充足，从疾病到健康。"——通过这种内在的智慧和力量，人们将会一直保持治愈的灵魂。

确实，我们要承认，有些东西无法改变：行星的运动，季节的变化，海洋的潮汐，显而易见的太阳的东升西落，等等。我们也无法改变另一个人的意识和思想，但是我们能够改变自己。谁能阻止或抑制你的意识、你的想象力、你的愿望的活动呢？只有你能够将这一力量施加给另外一种力量，更新意识就能改变自己，"这是新生活的关键"。你的意识是一个收录机，你所接受的全部信念、印象、意见、观点都会记录在你的头脑深处，你的潜意识中。但是，你能改变你的意识。你现在就可以开始给你的意识灌注高贵的、神性的思维模式，把你与你内心无限的精神连在一起，声称美、爱、和平、智慧、创造性想法，无限存在就会相应地作出回应，改变你的思想、你的身体以及你周围的环境。你的思想就是你的精神、身体和物质之间的媒介。

当我们沉思、冥想、将这些品质吸收进我们的精神的时候，转变就开始了，这些品质都是我们渴望经历并竭力想表现出来的。掌握理论知识是有益的，也是必需的。我们应当知道自己在做什么，为什么这么做。然而，实际转化完全依赖激发内在的才能——完全赐予我们每一个人的那种看不见、触不到的无形的精神力量。

关于这一点，也只有转变才会最终打破并消除根深蒂固的思想主张以及过去的不幸与痛苦的束缚。并且，转变会治愈令人心碎的伤痛和情感的痛苦。我们都渴望并需要心理安宁，心理安宁是上帝最崇高的礼物，为了将它带到我们的生活环境中来，我们要从心理上、情感上去默默凝思神授的安宁，用安宁充实我们的心灵，充实我们的整个存在。“首先，让安宁降临到此处。”

很多人，沉思于安宁的匮乏、不和谐、不幸、不协调的同时，却期待着安宁的到来，就好像期待苹果种子长成梨子。这有点讲不通或者根本行不通，它违反了所有的逻辑推理，但是这个世界就是如此。

要实现这一目标，我们必须探索各种方法以改变我们的意识——去忏悔——在任何必要地方。这样一来，更新和改变自然而然就会出现。根据已经形成和表现出来的事件，不再顺从世人的选择、决定。所以，转变生活方式是符合我们心意的，也是有必要的。这也就是开始去探索这些自然事件背后的原因——人为的教条、独断的见解、宗教仪式，然后进入形而上的内部王国，即新思想。

“形而上”(metaphysical)的说法已经成了“现代的、有组织的运动”的同义语。“形而上”一词由亚里士多德最先提出。有人认为，他最伟大的作品——他的第十三卷著作就直接以《形而上学》(*Metaphysics*)命名。字典上“形而上学”的意思是：“超自然的科学；纯粹存在的科学。”“meta”的意思是“之上，超过”。那么“形而上学”的意思就是“在物理学之上，或超过物理学”——“高于或超越自然物质的”形式世界。“meta”就是在其上，就是意识的精髓。所有事物背后的根源就是意识。

用《圣经》的话说，上帝的精神就意味着“好”。“崇拜上帝就是崇拜精神，崇拜真理。”当我们拥有了真、善、美、友爱、仁慈的精神，实际上上帝就在我们内心，在我们内心发展壮大。上帝、真理、生命、能量、精神——能界定吗？如何去界定？“界定就是限定。”

这可以用一段优美的句子来表达：

在我的心灵深处，一切真实不变：永恒、惟一、完满、完美；我就是不可分割的整体，无形、永恒——没有形状、没有形式、没有外形。我存在于你沉思的时刻，居留于所有人的内心。

不管我们把什么想象为真，感受为真，我们的想象和感受都会成为现实，我们必须相信和接受这一点；我们希望别人怎样，就是希望自己怎样。

爱默生曾经说过："我们整日想着什么是什么，就会成为什么。"换句话说就是：精神、思想、意识和本原就是创造性存在和力量的表现——就像在自然（物理法则）中，任何力量都有它的两面性。例如，水可以净化我们，也可以溺死我们；电可以给我们提供力量，使生活简单方便易行，也可以使我们因之毙命。《圣经》上说："我创造了光，同时创造了黑暗；我创造了和平，同时创造了邪恶；我，你的主，做了一切事情——我伤害，我治愈；我祝福，我诅咒。"

没有任何愤怒的神灵会惩罚我们，是我们要虐待自己的心灵来惩罚自己。我们因理解了这一基本法则而得到祝福（受惠），这一基本法则不是别的，就是上帝的存在，我们因此学会并接受一种新思想，或者一个完全崭新的概念。

因此，形而上学就是研究起因的学问——它关注的不是效果或者结果，因为效果或结果是一目了然的，而是关注是什么造成了这一效果或结果。形而上学解析思想精神就像科学家解析世界形式一样，就像他们从看得见的形式或由此衍生的形式开始来研究意识或原因一样，如果意识改变了，或者原因改变了，那么效果或结果就会相应地改变。

在我看来，形而上学的力量和美在于，它不是局限于某一特定的信条，而是具有普遍性。一个人可以是犹太人、基督徒、佛教徒，这都不影响他是一个形而上学的学者。

声称自己没有宗教信仰的诗人、科学家、哲学家等比比皆是，他们的信仰都是形而上的。

耶稣就是一个形而上学大师，他深谙意识之道，并用意识来提升他人、激励他人、治愈他人。

当有人问甘地信仰什么宗教的时候，他回答道："我是基督徒，我是犹太人，我是佛教徒，我是印度教徒，我是一切。"

"新思想"这一术语已经成为流行的、概括化了的说法。新思想由众多的教堂、中心、祈祷团体和机构组成，已经成为形而上的运动。它揭示了人类整体和每一个个体的无限生命、与生俱来的尊严和价值的一致性或者统一性。事实上也确实如此。在新思想中，重点指向个人，而不是一个有组织的整体或者是功能。但是新思想没有什么新意可言，因为形而上学实际上在所有的宗教方法中是最古老的，历史最悠久的。它揭示了我们表现上帝的目的，表现所有的善的伟大量度。"我就是来带给你生命，带给你更丰富的生命的。"它揭示了我们的身份："上帝的子民。"——我们被爱护着，作为具有创造性的神圣上帝所必需的一部分，我们具有精神价值。

形而上学能够并且会促使我们回到神圣起源中去，从而结束意识与形态的分离以及那种类似于在贫瘠、险恶的荒原中孤零零地游荡的疏离感和孤独感。

对所有人来说，形而上学一直在为我们所用，现在为我们所用，将来还会为我们所用——它一直在耐心地等候我们去发现和揭示。

成千上万的人通过别人的引介知道了存在着形而上学这回

事。它的形成是一个循序渐进的过程。通常认为，形而上学始自于菲尼斯·P·昆比(Phineas P Quimby)。19世纪源于美国的一种以宗教和形而上学理论为依据的精神治疗运动，在治疗时就是使用这种形式的心灵沟通。在《新思想杂志》一篇饶有趣味的文章中，昆比描写了他在1837年的工作情况。在对催眠术进行了一段时间的实验之后，他得出结论说，不是催眠术本身，而是潜意识的制约导致了结果的改变。尽管昆比没有受过正规教育，但是他天资聪颖，喜欢调查研究，是一个具有原创性的思想家。除此之外，他还是一位高产的作家，写了大量日记。这些记录都已经整理出版，详细地记述了他研究的发展过程。昆比最终成为《圣经》的虔诚信徒。他将《旧约》和《新约》疗法的三分之二重新誊写，发现关于《圣经》中有些段落内容的真实意义有很多的混淆之处，这些混淆之处产生了对《圣经》中的耶稣基督的误解和误释。

纵观整个20世纪，很多受到启示的教师、作家、牧师、演讲家等都对新思想运动作出了积极贡献。芝加哥大学的柴思·E·布拉登博士(Dr.Chas E Braden)称这些人为“反叛的精灵”，因为他们是反叛那些现存的教条主义、宗教仪式和信条的真正的精魂。对主流的反叛引起了宗教恐慌，布拉登博士已不再满足于现状，他拒绝继续一味地服从。

新思想是对生活真理的个人实践—— 一个循序渐进的、兼容并包的过程。今天学一点，明天可能领悟得更多，从来不会出现永不会再有新发现的状况。新思想是无限的、无穷的、永恒的。我们拥有所需要的时间——永恒。很多人对自己没有耐心，对自己认为的失败没有耐心。可是，回顾一下过去，就会发现，学习存在着不同的阶段，我们不会再犯那些错误了。进步看似非常缓慢——而正是“在耐心中，拥有你的灵魂”。

在墨菲博士的《通过神启进行祈祷》一书中，他评述道，天堂被称作“意识”，而人间被称作“表现”。你的新天堂就是你的新观点——你的意识的新维度。我们看，就是用精神去看，然后就会意识到一切都得到祝福，都处于绝对的和谐、永恒的爱、智慧、绝对的安宁、完美之中。与这些真理融为一体吧，抚平无边的恐惧，你的信心就会越来越足，越来越坚定。

在本丛书各卷册中，墨菲博士综合了神授力量的奥秘之处，将其思想阐释得简单、易懂、平实，你能马上将之运用到实际生活中去。

本书以及丛书中的其他卷册由墨菲博士的演讲、布道和广播稿汇编而成。在该丛书中，墨菲博士通过探索潜意识的力量，讨论了将潜能最大化的技巧。

因为墨菲博士是一位新教牧师，所以他的很多例子和引文都出自《圣经》。这些引文所阐述的概念不应当被看做门户之见，因为这些引文传递的信息确实具有普遍性，是大多数宗教和哲学中所广为称颂的。墨菲博士经常重述知识的本质在于生活的法则、信仰的法则。这不是天主教的或者印度教的，它是纯粹的、简单的信仰。“待我者，我恒待之。”

墨菲博士的妻子詹尼·墨菲博士(Dr. Jean Murphy)在墨菲博士于1981年过世后继续从事神圣的宗教事业。1986年,在所做的一个演讲中,她引用了已故丈夫的话,重述了墨菲博士的哲学思想:

我想传授给人们的是,他们都具有神圣的起源,这是在他们内心占统治地位的力量。我想说明的一点是,这种力量来自内心,这种力量就是我们自己的救世主,我们能因此而获得自我救助。这是《圣经》上的话。今天十有八九的迷茫都是由于对《圣经》真理错误的、字面的阐释。

我想影响大多数人,想影响每一个普通百姓,想影响背负着沉重责任的妇女,想影响受自己的才能和能力所压制的妇女。我想在意识的每一个阶段或层面上去帮助他人,去了解他们内心的奇迹。

提到丈夫时,她说:"他是一个拥有实际经验的神学家。他拥有一个学者的智慧,拥有一个成功主管人的头脑,拥有一颗诗人的心。现在,我可以把他的言论归纳如下:'你就是国王,你就是你的世界的统治者,因为你与上帝是一体的。'"

墨菲博士坚定地认为,上帝的计划就是让人们身体健康、事业发达、生活幸福。他宣扬,人们的愿望是上帝的礼物,有合理的愿望是正常的。希望胜过昨天、优于昨天是健康的,有益心智的。渴望健康,渴望富有,渴望友情,渴望安全,这怎么会有过错呢?

愿望紧紧地追随着你的进步。没有愿望,一切都不会取得进展。愿望就是创造性力量,必须建设性地加以引导。例如,如果贫穷,你就会从内心渴望财富;如果患病,你就会从内心渴望健康;如果孤单，你就会从内心渴望友情，渴望爱。

我们必须相信，我们能够改善生活。信仰——不管是真是假，或者纯粹只是一种中立——持续一段时间，它就被同化了，成为我们心理的一部分。除非你用相反性质的信仰收回成命，否则这一信仰迟早会日渐明确，并被作为事实、形式、条件、环境、生活事件表现出来或被流传为经验。在内心，我们拥有将消极信仰转化为积极信仰的力量，所以我们能改变生活，使之更加美好。

你发出了指令，你的潜意识就会忠实地遵守指令。根据你潜意识中所拥有的思想的性质，你会从潜意识中得到反馈或者回应。

心理学家和精神病学家指出，当思想传递给潜意识时，就会在大脑细胞中留下印象。不管你的潜意识接收到什么样的观点，它都会马上开始处理这些观点，使之生效。潜意识通过联系你的观点，并利用你在一生中所收集到的点点滴滴的知识来实现你的目的。它利用你内心的无限力量、能量和智慧，去组织所有的自然法则来实现目标。有时，它看上去马上给你的困难提供了解决办法，但是，有时它又似乎需要几天、几周或者更长时间。

意识的习惯性思维在你的潜意识中建立了深层的最佳状态。如果你的习惯性思维是和谐的、安宁的和建设性的，对你来说，这将是有百利而无一害的。

另一方面，如果你沉溺于恐惧、焦虑和其他形式的毁灭性思想中，补救的方法就是认识到你的潜意识是万能的，要宣称自由、幸福、完美的健康和繁荣。你的潜意识——具有创造性、与你的神授源泉相一致的潜意识，便会着手创造你热切宣扬的自由和幸福。

现在，我们首次将墨菲博士的演讲稿汇总、编纂并进行整理更新，集结成6本新书出版。将他的教义引入到21世纪。为提高和增强墨菲博士演讲的原创性，我们特地从詹尼·墨菲博士的演讲中选取了部分材料，并增加了反映墨菲博士哲学思想的成功例子。

本丛书包括：

创造财富和成功的秘诀

为了健康和活力（暂译）

培养自信和自尊（暂译）

克服恐惧与忧虑

创造高尚的精神生活（暂译）

创造富裕生活（暂译）

单单阅读本丛书不会提高你的生活质量。要想使你的潜力真正地最大化，必须学习这些原理，接受忠告，与你的心理结合在一起，作为你不可分割的方法的一部分，应用到生活的各个方面中去。

阿瑟·R·派尔（Arthur R Pell，PhD）

2005年2月

前　言

你是否设想过，如果你很富有，过着奢华的生活，那将会是怎样一幅美妙的情景呢？对大多数人来说，富有看起来距离我们如此遥远。然而，历史上，不少人却正是通过自己的努力，奋勇崛起，从一贫如洗到家财万贯，这样的例子数不胜数。

你命中注定该受穷吗？我们不妨改变莎士比亚的措辞，来解释一下什么是富有：有些人是生来富有，有些人是靠后天挣得，有些人富有是因为好运突然降临。有些人很幸运，他们拥有富有的双亲，能给予他们金钱所能够购买的一切。但是，这些人中，有很多人因为自己的错误判断而失去了父母的财产。还有一些人，他们因为彩票中奖或意外之财而获得了财富。可是，我们大多数人没有那么幸运。为了获得财富，我们只有靠自己的才智、勤劳、创造力和努力。没有人命中注定就该受穷。财富就在我们周围。为了获得财富，我们需要做的就是去寻找，并沿着这条财富之路走下去。

想要富有并没有什么过错。

你能享受无限的财富。那么为什么仅仅获得刚够需要的钱财就满足了呢？在本书中，你将学会与金钱交朋友，你总是会有盈余的财富。你致富的愿望就是过更完满、更幸福、更美妙的生活的愿望。致富是存在于宇宙间的迫切愿望，这一愿望是美好的——的的确确是非常美妙的愿望。

现在有些人，而且总是有些人自然地将贫穷看做是自己的一部分。然而，他们并非是注定受穷，因为解决这一问题的方法就明显地摆在那里，通过促进发展和增进理解，可以帮助他们提升自己，以免遭受贫穷困顿之苦。

本书中约瑟夫·墨菲博士对这些概念重新加以审视，并向读者解释贫穷不是人类的常态，当然也不是上帝的旨意。约瑟夫·墨菲博士指出了如何通过积极的思考、调解、祈祷以及对于上帝所创造的你自己抱有信心，凭借努力，从而功成名就、幸福快乐。

第一章　打开财富之门的万能钥匙

你出生的时候，整个世界以及世界上所有的财富、海洋、空气、土地等等，早就已经存在了。现在，我们开始来想一想你周围那些数不清的、未被发现的财富。我们等待已有的智慧来挖掘这些财富，将它们一一带到你的面前。我们要像看待你呼吸的空气一样去看待财富。一定要持这种态度。曾经有一位妇女问爱默生：我怎样才能发达起来呢？爱默生的回答言简意赅。他把她带到大海边，对她说："看看吧。"她回答道："啊，海里满是水呀，不是吗？"爱默生说："像看待大海里的水一样看待财富，你就会永远拥有它。"

要意识到财富就像潮汐，川流不息，奔涌不止。一位销售经理曾经告诉我说，他的一位合伙人因为组织规模扩大而卖过一个创意，价格是一百万美元。创意就是一笔巨大的财富。财富是你头脑里的思想形象，财富是你头脑里的一个主意，财富是一种精神态度。他还说，现在美国的百万富翁比历史上任何时期都要多。

想法就是财富。不错，你会因为有想法而拥有财富。而且，你们来到世上就是释放内在的华贵，让奢华、美丽和富足包围着你。要懂得对金钱、财富、美食、服饰——所有这一切，持端正的态度。这一点非常有必要。一旦真正与财富交上朋友，你就不会遭受财富上的匮乏。渴望拥有完满、富足、幸福而愉快的生活是正常的、自然的。我们要将钱财看做上帝的旨意，以保持全世界每个国家健康的经济状况。

当金钱在你的生活中自由流通时，你拥有健康的经济状况；这就好比当血液在你身体内自由循环时，你便摆脱了血栓病症的困扰。现在，我们来看看金钱的真正意义以及它在生活中所充当的交换符号的角色。金钱只是交换符号，如此而已。古往今来，财富呈现出各种各样的表现形式。对你来说，金钱应当意味着不虞匮乏之自由，金钱应当意味着美丽、奢华、富裕、安全和优雅。你有权获得财富。

难道有些人注定或会被指定去感受这个世界的富有、享受这个世界的富有，而有些人注定会忍受艰难困苦和物质上的匮乏吗？说老实话，绝对不是这么回事儿。存在于我们内心深处的“创造性力量和灵魂”明确地表明会时时刻刻对我们作出回应，为我们的日常生活创造条件，创造环境。根据“头脑中的想法、心中的沉思”去响应、去创造。这个想法便是我们的潜意识。

那些享受生活的真正富足和发达的人是意识到头脑的创造力和思考的创造力的人。真正的富有是"诚实地获得"。他们知道思考的价值及其效果。当他们持续不断地用精神的、心理的和物质的富足，即发达和丰富给大脑深处留下印象时，大脑深处就自动地在他们的经验中产生了富足的印象。

这是生活中伟大而普遍的法则。这条法则在每个人身上都是切实可行的，而且是行之有效的。这是一条颠扑不破、放之四海而皆准的真理。我们根深蒂固的、内心深处的信念和选择以及我们的意识和理解力，是被作为经历、条件看待的。它们成了与构想过程一致的经验。

如果我们能够意识到并深信自己活在一个慷慨大方、有无限智慧、有无限生产能力的宇宙—— 一个由慈爱的上帝或神或造物主赐予并统治的宇宙中——我们的信心就会反映在我们的环境和活动中。

同样，如果支配我的信念是"我不配拥有无限的宇宙财富，我命中注定不该拥有财富，因为财富是别人的"，那么反映在我们的环境和活动中的就将会是这一信念。

这两个相反的观念或信念是我们在物质上贫穷与否的首要的、决定性的因素。这就是"穷人更穷，富人更富"的原因。

富有的理念带来富有，匮乏的理念带来匮乏。我知道，在匮乏的情况下想到富有和财富需要某些行动。我也知道，我们需要诚实和正直的行为，还需要恒久如一的、持久不变的信念。履行这一约束性思想的人必然会获得财富。

这里，“约束性思想”的说法很关键。当我们热衷于探索真相，心甘情愿地探索真相、渴望探索真相时，思想约束就形成了。它所要求的只是或只不过是我们检查并了解一下我们内心深处的信念和观点，以及理想和渴望，这些也都在我们力所能及的范围之内。我们必须“更新头脑——换一种崭新的方式去思考”。

固守贫困是一种疾病，是一种心理姿态。有一位女士，她已经出版了好几本著作，很有写作才能。有一次，她对我说：“我不是为了金钱而写作的。”我问她：“金钱有什么过错吗？”诚然，你不是为金钱而写作，但是你的作品激励了他人，提升了他人，鼓舞了他人。一旦你采取正确的态度，财富方面的回报就会自动地、源源不断地找上门来。

换句话说，惟一的罪恶便是无知；无知的惟一后果便是受苦受难。将铀、银、铅、铜、铁、钴、镍、钙或美元大钞称之为罪恶的行为可谓愚蠢之极。这是多么愚蠢、多么可笑、多么荒诞不经的事情啊！一块金属与另一块金属惟一的差别在于电子围绕着原子核运动的数量和运动速度的不同。就百元钞票来说，这张纸本身是无毒无害的。作为钱币的物质凭证，它和铜或铅之间的惟一差别在于原子和分子的排列方式不同，铜或铅带有电子和质子，而百元纸钞则不带。

下面是这位女士使财富增值所使用的简单方法：

我的作品被发表，因而能够赋予人们的心灵以美好的东西，能够为他们的心灵疗伤，能够激发他们的灵感，提升他们的品格，为他们的生活增辉添彩。我自己也在一种美妙的方式中得到上帝的回报。我把金钱看做是神的主旨，因为一切事物都是有神灵的。我知道物质和精神是一体的。财富不断地在我的生活中流动，我凭我的智慧和我的积极建设使用财富，给我带来了自由，带来了欢乐。财富是上帝头脑里的一个想法。这个想法很美妙，非常美妙。

几年前我和一位牧师聊天。这位牧师有很多崇拜者。他对头脑的运作规则理解得非常好，非常到位。他能将该知识教给别人，可是自己却总是入不敷出。对于面临的困境，他自己有很好的托词，即引自《新约》里的句子："热爱金钱是一切罪恶的根源。"《新约》记性不好，因为稍后在同一章中，它又指出，上帝将财富散发给人们，以便来帮助别人。

用《圣经》的话说，爱就是把你的忠诚、你的忠贞、你的诚心给予万物之源，这个万物之源就是上帝，或者永生的精神，或者你心中的生命原则。因此，你不能将你的忠诚、你的忠贞、你的诚心给予所创之物，而是要给予创造者。创造者是宇宙中一切事物的永恒源泉，你的呼吸的源泉，你的生命源泉，你的头发的源泉，你的心跳的源泉，太阳、月亮、星星的源泉，你行走于其上的世界和地球的源泉。

如果你说："我想要的就是金钱，没有别的东西；金钱就是我的上帝。"那么除了金钱之外一切都不重要。当然，你能得到金钱。

但是，你是为过和谐生活而来到这个世界上的。在你生命的各个阶段，你也都有权利得到和平、和谐、美、爱、欢乐、完美等等。在当今的世界，没有勇气、信心、爱、善意、欢乐，你如何生活下去呢？金钱没有过错，世界上任何一个事物都没有过错；但金钱并不是我们生活中的惟一目标。将赚钱看做生活的惟一目的就相当于犯错误，作出一个错误的选择。赚钱本身没有什么罪恶可言，但是纯粹地为了赚钱你会失去平衡，失之偏颇。

一定要把你的潜在才华表现出来。一定要找到你在生活中的真正位置。一定要感受为成长而奉献的欢乐，感受为他人的幸福和成功而奉献的欢乐。我们是为了给予而来到这个世界的，所以请将你的才能奉献给这个世界。上帝赐予了你一切，上帝将他自己也赐予了你。你负有其重如山的恩情，因为你的一切都是他所赐予的。所以，你在世上就是要将你的生命、你的爱、你的忠诚奉献给你的理想、你的梦想、你的渴望。你在世上就是要做摆渡人，甘心为他人做嫁衣，不仅为你孩子的成功和幸福而勇于奉献，还要为全世界而奉献。

心无旁骛，排除一切杂念，一心致力于积攒钱财，会使人心理失衡，失之完满，遭受挫折。但是，只要正确地运用潜意识规则，你会拥有所有你所向往的金钱而依然保持平和安宁的心境。你还可以用金钱来做善事。实际上，你可以像做任何其他事情一样，动用你的聪明才智来花费它，作出贤明的抉择和积极的规划。你可以运用你的知识，按照你的人生观来进行规划；或者你也可以给那些具有可塑性的人做演讲，给他们灌输共产主义思想，做所有一切你想做的事情。

我已经给上面提到的那位牧师指出，在发表自己的看法、声称纸钞或金属币罪恶时，他是如何完全地误解了《圣经》。不管是纸钞还是金属币，它们都是中性物质。因为它们本身不存在什么善恶之别，只是理念使然。他开始利用更多的金钱为他的妻子、家庭和教区教民做善事。他改变了态度，放弃了金钱罪恶的荒谬思想。他开始公开大胆地、定期地进行系统化的宣传：

上帝为让我更好地遵从他，给予了我启示，默示了更好的方法。我得到了来自天国的感召，受到来自天堂的启发，我将把上帝的旨意和力量、对上帝的忠诚和信念昭告所有那些能听到我的声音的选民。我将视金钱为上帝的旨意，金钱将在我及我周围所有人的生活中无穷无尽地循环。在上帝的授意和神圣智慧的启发下，我将发挥聪明才智，让金钱在我的手里找到最理智贤明、积极善良的归宿。

这位年轻的牧师习惯了这样祈祷，因为他知道这样的祈祷将会激发他潜意识力量的活力。现在，他已经有了一座他所希望的漂亮教堂了(教区教民为他建造的)。他还有一个广播节目，拥有足够的钱财，能够满足他一切物质和精神方面的开销。

按照我给你描述的方法去做，在以后的日子里，你就再也不会缺乏财富了。因为这是打开财富之门的万能钥匙。

第一步：在脑中作出这样的推论——上帝或生命本能，抑或生命之灵，是宇宙的源泉，是宇宙空间中的星系以及你所看到的一切事物、你看到的天空中的繁星、山脉、湖泊、地球上的所有矿藏、大海、一切动植物的源泉。生命之灵给了你生命和一切力量，上帝的各种品质和特征都赋予了你。你可以因此得出一个简单的结论：你所看到、意识到的一切事物都是来自看不见的上帝的旨意，或者生命本能的旨意，人类所发明、创造或者制造的一切事物都来自看不见的人类意志；人类意志和上帝旨意是一体的，因为只有一个意愿。对所有人来说，该意愿都是共同的。每个人都是该意愿的入口和出口。

现在，我们可以不折不扣地作出一个决定：上帝是你的能量供给的源泉，是你活力的源泉，是你健康的源泉，是你的创造性思想的源泉，是太阳的源泉，是你呼吸的空气的源泉，是你吃到的苹果的源泉，是你口袋里的钱币的源泉。因为一切事物都是上帝在心灵内部创造的，而且一切都是出于上帝之手。对上帝来说，带给你生活中的财富很容易，就像长出一片草叶或者生出一片晶莹的雪花一样容易。

第二步：从这一刻起，将财富这一思想铭刻在你的脑海里。思想是通过重复、信心和期待传达给潜意识的。通过三番五次地重复一种思想模式或一个动作，它就会自动运行；由于强迫性，你的潜意识就会起作用，你就会被迫表现财富。这一思想模式同学习走路、游泳、弹钢琴、打字或开车一样。你一定要相信你认可的事情。这不是荒诞不经的奇谈怪论，更不是无稽之谈。你必须相信你确认的事情，就像你相信当你把各种种子播撒到地里，它们会各从其类地生长一样。种子好比思想，你要把它贮存在你的潜意识中。

注意，你所坚信的事情就像你埋在地里的苹果种子，它们的生长各从其类。你可以想象，种子从你的有意识思想到你的潜意识思想，在你的脑海中重现。通过给这些种子浇水、施肥，你加快了它们的成长。你还要懂得你在做什么，为什么这么做。你用意识之笔书写潜意识思想，因为你知道财富是什么。现在，沿着街道走走，你就会看到财富了。驾车行驶的时候，你会数一数路边的花儿吗？你会数一数海岸边的沙子吗？你会数一数天上的星星吗？你会数一数你行走于其上的财富吗？不错，你脚下的财富，也许是石油，也许是金银，也许是铀。你曾经想到过大海、土地或空气的丰富性吗？

第三步：早晚五分钟肯定地重复下列祷告："现在，我在潜意识中书写上帝的财富旨意。""上帝是我的供给源泉，而且我也知道，上帝是我内心深处的生命本能。我知道我活着，我所需要的会随时得到满足。上帝的财富自由自在地、欢天喜地地、无休无止地流入我的生活经历中，我感谢上帝的财富永远在我的生活经历中循环不止，奔流不息。"

第四步：一旦产生缺乏什么的念头，例如，"我没钱去短途旅行"、"我支付不起那笔钱"、"我付不起账单"等等，千万千万不要用否定的概念来陈述经济问题。要强制性地说服自己。这时候要马上在脑子里扭转这种想法，坚信："上帝会马上供给我金钱，而且会永远供给我金钱。那个账单是按照神赐的顺序来支付的。"如果否定性念头一小时出现五十次，每次在扭转这个念头的时候就想："上帝现在就会赐金钱给我，马上就能满足我的需要。"并且要坚定不移地相信上帝会赐予你金钱。过一会儿，老是考虑缺钱的势头就会减弱，你会发现你的潜意识正被财富牵引着。例如，你看到了一辆新车，千万别说"我不能买那辆车"或"我买不起"。因为你的潜意识逐字逐句地记住了你的话，会阻碍所有的好事情。相反，你要对自己说："那车就是要卖的，这是上帝的旨意，我要按照上帝赐予的顺序，通过上帝之爱来接受它。"这是打开财富之门的万能钥匙。任何一个怀抱虔诚之心的人，只要反复练习这种方法，都会得到他需要的财富，充实愉快地安度一生。

所以要按照上述步骤去做，这样你就让财富法则运转起来了。这对你起作用，对其他任何人也同样起作用。思想法则对任何人都一样看待，不会厚此薄彼。你的思想使你富有或贫穷。选择富裕的生活吧，就在此时此地。

一位销售经理让我给他的一位职员做心理咨询。这位销售代表是一位很出色的大学毕业生。虽然他对自己的产品很熟悉，他的推销代理区域对他也非常有利，但是他每年只能挣一万美元的佣金。销售经理感到他应该挣这个数的两三倍。和这个年轻人谈话时，我发现，他看不起自己。他给自己制定的潜意识模式或自我定位就是每年挣一万美元。换句话说，他认为他就值那个钱。他说他出生在一个穷困潦倒的家庭里。他父母告诉他，他注定要受穷。他继父总是告诉他："你不会有什么作为的，看看你那个样子，既无能又愚蠢。”这位易受影响的年轻人认可了这些说法，他的潜意识告诉他，自己应该相信金钱的匮乏和能力上的局限。

我向他解释说，通过提供赋予生命模式的理念，他能够改变自己的潜意识。于是，我告诉了他一个简单的精神法则，让他照着这个法则去做，这样就会改变他的生活。我向他解释说，在任何情况下，他都不该否认他所坚信的东西，因为他的潜意识已经认可了他真正相信的东西。你的潜意识接受了你的信念，亦即你真正相信的东西。所以，顺便说一下，要相信上帝的财富，相信上帝的富有，财富就在你的周围。

每天早晨上班前，他都坚称：

我是为成功而生的，我是为赢得胜利而生的。我内心深处的上帝是不会输的。神的法则和秩序决定着我的生活，神赐的和平充满了我的灵魂，神的爱浸润着我的头脑，无限的智力在各个方面都给我引导。上帝的财富自由自在地、欢天喜地地、无休无止地、川流不息地向我涌来。我在前进，向前进，我在心理、精神、经济以及其他各方面都在成长。我知道这些真理正深深地沉入到我的潜意识中。我知道，并且坚信，它们将会各从其类，生长壮大。

几年之后，当我又遇到这位年轻人时，我发现，他与以前判若两人。他吸收了我们曾讨论过的这些观点。他说：“现在我非常感谢生活，生活中发生了很多美妙的事情。今年我挣了 75 000 美元，比去年多了 5 倍。”他学会了简单的真理：他铭记在潜意识中的一切东西都在生活中产生了效果，起了作用。那种力量就在你的内心之中，你也能利用这种力量。

最近我遇到一个人，他过去在一家银行工作，一年挣 40 000 美元。这是非常令人满意的收入，但是为了妻子儿女，他想挣更多的钱。于是，他经常做如下祷告："上帝马上能给我提供财富。在各个方面我都有上帝引导。上帝为我打开了一扇崭新的门。"他告诉我，几个月前，机会来了。现在他在做有佣金的销售工作。他对自己离开无忧无虑的、没有风险的银行工作有足够的信心，所以才勇往直前。现在，一切费用报销，他一年可净挣 200 000 美元。现在，他全家都过得非常愉快。

所有这一切都源于一个理念。一切都是心中的一个想法而已。财富是一个理念，收音机是一个理念，电视是一个理念，汽车是一个理念，你看到的一切事物都是理念。假设因为发生了某个大浩劫，你把世界上所有的小汽车都给毁掉了，那么，工程师会把汽车发动起来，是不是？我们会立刻拥有数百万辆的汽车。

默念下面的祈祷文，获得财富：

我知道，我对上帝的信心决定了我的未来。我对上帝的信心意味着所有一切有益的事情。现在，我把自己和内心真实的想法联系在一起，我知道未来就是我习惯性的思维影像。当我在心中或潜意识中沉思默想的时候，我就会获得财富。从这一刻起，我的思想就落在任何真实的事情上，任何诚实的事情上，任何公正的事情上，任何可爱的事情上，任何有美好声望的事情上。我日日夜夜沉思这些事情，我知道，这是种子，这些种子就是思想。我习惯性地凝神静思这些思想。有了这些思想，我会收获累累硕果。我是我的灵魂的统帅，我是我自己命运的主宰。我的思想和我的情感就是我的命运。

你看，祈祷的目的不是为了改变或者去影响上帝，也不是改变永生的神灵抑或生命本能，不管是过去、现在还是将来，上帝永远都是始终如一、永恒不变的。你不能改变上帝，但是你可以在精神上与上帝永远保持一致。你不能创造和谐，因为上帝就是和谐。你不能创造爱，因为上帝就是爱。上帝的爱就在你的内心深处。你不能创造和平，因为上帝就是和平。上帝存在于你的内心。但是你必须宣称上帝的和平注满了你的心田。你必须承认上帝的和谐就在你的家园。和谐在你的手袋里，在你的生意里，在你生活的各个阶段中。对于我们每一个人，所有的好处我们都能得到。我们祈祷的目的是为了让我们的思想能够接受我们应该获得的上帝的礼物，赐予我们这份属于时代的礼物。因为上帝是赠送者，上帝就是礼物。在你出生之前，在任何人走在地球上之前，石油已经在地下存在了。金、银、铀、铅、铜和我们今天使用的所有金属，也是这样，它们都早就已经在地下存在了。

不是需要人类的智力才能找到这些东西吗？是的，需要智力。所以，如果你把两个人送往犹他州（Utah），一个人是一位地质学家（或者是一位矿物学家），他一无所获；另一位去了，在刚刚踏上犹他州的前五分钟里，在同一片大陆上的同一地域，他找到了一脉铀矿或者银矿。财富在哪里呢？财富在第二个人的头脑里，因为他相信指导性的原则。即使矿藏就在那里，第一个人也仍旧是两手空空，一无所获。

所以存在着能引领你的指导性原则。这就是指引的意义——指引我们找到金、银、铀、铅和所有这一切东西。我们不需要按条件来工作；我们只需要按照我们自己本身的潜意识行动。能治愈我们的匮乏和局限之疾的惟一良方在于我们的头脑。

一旦这样做了，我们就会发现，世界（你的身体、你所处的环境和条件）只是你内心状态的一个精确反映。不管你所祈祷的是什么，相信你已经得到了你所要求的，并且将还会得到。这是所有成功祈祷的根本，不管是祈祷身体健康，还是祈祷繁荣昌盛、功成名就、建功立业，或者是祈祷物质上的富足。一旦你在内心深处确信你获得了你想拥有的东西，这一想法就会马上继续下去，所祈祷的就会带来结果。

你可能会说："当债台高筑，债主追讨，银行打电话催还抵押贷款，我还要还我欠下的款项，等等，诸如此类的事情发生时，我怎样才能说服我的内心、我的潜意识，我已经拥有各种财富或者其他任何好东西呢？"你无法说服自己。如果你反复思考债务、合约及欠款数额之事，你只能扩大你的苦恼。但是，有一条关于你的头脑法则的真理：无论是什么事情，当你经常以一种令人信服的方式来重复它的时候，你的内心将会把它看做事实，就像你学会走路一样。你的思维模式、你的行动，不管是游泳、走路、打网球还是高尔夫，你都是在反复练习。你知道你在做什么，为什么去做。因为你想学会走路，你想学会跳舞，你想学会游泳。所以，最后你的潜意识同化了你的模式，不是吗？然后你就能从容自如地游泳，从容自如地走路了。

在祈祷财富及其他任何事物时，这一过程同样起作用。一旦你的潜意识将你的信念看做是事实，那么它就会推进一切可能的事情，给你带来各种财富。现在，作出断言的全部目的是：首先去说服你自己，去相信你所断言的真相，然后你的内心意识会实现你的断言。

一位妇女来到我的办公室，告诉我："啊，我从别人那里得到肯定，说我现在很富有、很顺利。我很成功，也很富裕。""那种断言成功地让我更多地意识到了我的需要。"因为，与她自身所处的富足比起来，她更相信贫穷和匮乏。所以，我解释道："你一定要避免那种思维模式；彻底改变你的观念。你的潜意识会接受你相信的事物。"我对她说："看看你的周围。注意，上帝创造了你，创造了整个世界。它是你内心的一种看不见的精神。一切都是在内心产生的，一切都出于你的内心。它是你的心跳，你呼吸的空气，你饮的水，你吃的饭的源泉。因此，避开那种思维模式，然后转向内心，改变这种思维模式。你可以这么说：'我意识到了我的供给的不竭源泉。上帝是赐予我供给的源泉。我所有的需要——精神的、心理的、物质的——随时随地都会得到满足，上帝的财富在我的生活中循环，并且总有盈余。我日日夜夜都在前进，向前进，在精神上、心理上、物质上、经济上、智力上等等，每个方面都在成长。'如果有了这样的思想准备，那么一切事情也就会准备就绪。正如我所信奉的，一切都会如期而至，纷至沓来。在他们开口之前，我会回答，他们还没有开口我就能听到，哦，我是多么爱这法则啊。让我的沉思默想自由来去吧，不管是白天还是夜晚。所谓法则就是，我是我屏气凝神时所专注其上的那个人；我相信自己会成为想成为的那个人。根据我的信心，这样的神恩将会降临到我身上。上帝慷慨地给予了你想享有的一切。”

当她开始意识到无穷无尽的供给海洋的源泉，她头上的头发的源泉，能让她举起一把椅子的力量的源泉，青草的源泉，田野里的干草的源泉，家养牲畜和一千座小山的源泉，等等，她开始意识到了源泉。她让自己与源泉保持一致；然后，对于她，这一切便产生了意义。她意识到在潜意识中她正在书写财富理念、成长理念、成功理念。她改变了对财富的信仰理念，她身处无穷无尽的财富而不是贫穷中，而贫穷曾经是她心中的错误理念。

在热带，供人们食用的水果非常丰富，丰富到什么程度呢？有很多都烂掉了。难道你对此一无所知吗？大自然是丰饶的、慷慨的、富足的。上帝毫不吝啬地赐予了你各种各样的事物，供你享用。上帝说，我赐予你们这些事物，我的欢乐就存在你们心里，你的欢乐就该是充盈的。在此之前，你一无所求；现在，问你快乐否。我来至此，你可能就拥有了生命，拥有了更为丰富的生命。在此之前，你一无所求；现在来问一问你心里的欢乐是否充足。你看，在《圣经》里，问就是声言。你要大胆地声称，但是你一定要知道你在做什么，而且要知道为什么这么做。

所以，如果你有很多债务和义务，有很多账单要付，别担心。求助于源泉吧，源泉是无穷无尽的。记得农夫说过："那么，我不担心杂草。谷穗在生长，它会摧毁所有杂草的。"这是农夫告诉你的。同样，你专注于好事、专注于指导、专注于正确的行动以及供给你的不竭源泉时，不管是心理的、精神的还是经济的，只有一个源泉——不是两个。当你求助于源泉，感激无穷无尽的供给时，那么所有的杂草就会被摧毁掉。匮乏和局限的想法就会在你脑里消失，上帝就会更多地赐予你好事。

将欢乐带到生活中来。要求欢乐，祈祷欢乐。上帝的欢乐就是我的力量，《圣经》上如是说。对自己反复默念欢乐，过一会儿你就会惊讶你的血流和基本循环所发生的变化。对此，不要持续不断地进行分析或过分地紧张。仅仅懂得欢乐是生活的精神、生活的表现就足够了。工作不要太拼命。不存在愿望的力量，不存在肌肉的力量；在这种心理的和精神的治疗方法中，也同样不存在可供使用的血管的力量。当你这样祈祷的时候，只要懂得并声称上帝的欢乐在你的身体中流淌，奇迹就会发生。因此，内心的自由与宁静就属于你了。如果你有了内心的安宁，你就会有家庭的安宁、与他人关系的安宁，因为安宁是上帝内心的力量。

有一条河流及其小溪流使我的上帝之城欢乐。上帝之城就是你的内心。人们在此居住。你很清楚地知道是谁住在那里：你的思想、你的理念、你的信仰、你的观点。你要确定，这一切都与上帝的标准一致。

一位女士告诉我说："我在经济上遇到了困难。我到了没有足够的钱给孩子们买饭吃的程度。我总共有五美元。我将它攥在手里，说：'上帝会根据他的财富和荣光极大地增加我的钱财的，我获得了上帝的财富。现在，在我生命中所有的日子里，我的需要马上就会得到满足。'"

她相信是这样的。这不是什么无稽之谈。没有价值的重复是不会获得上帝的用心聆听的。不，你必须知道你在做什么，为什么这样做。你必须知道你的潜意识是一支笔，你要用这支笔去书写，将一些东西镌刻在你的潜意识中。不管你给你的潜意识留下什么印象，它们都会在你的大脑屏幕中表现出来。这些内容会作为形式、功能、经验和事件被表现出来——既有好的也有坏的。所以，要确信你所种植的是可爱的、声誉良好的理念。

所以那位女士说："我确信我的一切需求即刻会得到满足，我的一生一世在一个半小时后将会得到满足。我突然有了一种巨大的宁静感。我自由自在地把那五美元花掉，给孩子们买了吃的。商场老板问我是否愿意在商场工作，做出纳员，因为当时的出纳员刚辞职。我接受了这份工作，不久以后我和商场的业主，即我的老板结婚了。我们感受到了并正在感受着生活的各种富足。"

这位女士注意到了源泉。她不知道她的祈祷会有怎样的结果，因为你永远不会知道潜意识是如何运作的。她内心相信上帝的神恩。相信神恩就是生活在神恩存在的状态里。这也意味着她对永恒的真理非常敏感。她的收益增加了，而且是极大地增加了。因为潜意识总是放大你所注意的东西。在你的内心有着神恩的存在和力量，你能利用神恩的存在和力量。你可以在内心鼓动上帝的赐予，因为上帝就是给予者，上帝就是恩赐；一切事物都是上帝赐予你的。因此，你可以收听上帝的声音，要求上帝赐予你引导，赐予你正确的行动，赐予你美、爱，赐予你宁静、富裕、平安。你可以对自己说："没错，上帝的理念在我的内心展现开了，给我带来了和谐、健康、安宁和欢乐。"如果你在做生意，如果你从事某一专业，如果你是一位艺术家，如果你是一位发明家，等等，只需静静地坐下来，说："上帝启发了我新的创造性的思想，原创的、美妙的思想，这些思想将以各种各样的方法保佑人类。"然后，等待美妙的想法降临到你身上。想法会降临，因为你将这些想法称为祈祷的回应。记住《圣经》上的话："呼唤我，我就回应你。当你陷入困境时我与你同在。我将会安放你于高处，因为你已经知道我的名字。"

这个名字就是大自然。无限智慧的大自然就是应答。你召唤，应答就会来到。坚持不懈地坚称、感受并且相信上帝会成就你的好事，远远超越你的要求，让你在一天中的每一刻都会更加富足，不论是精神上、心理上、智力上，还是财富上、社会地位上。因为日常生活的荣光是没有止境的。去等待奇迹发生吧，因为这些真理已经在潜意识中留下了印象。你看到这些话，让这些真理深深地沉入你的潜意识。这些真理会沉进你的潜意识的，也已经沉入到你的潜意识了。你正将这些真理铭记在心。你越是经常去铭记，你的内心深处就会更快地充满这些真理，你就会在经济及每一个方面都感受到一个无限光明的未来。

敬畏源泉。当你求助于内心的神授存在时，回应就会来到。这个回应是：上帝会惠顾你。你会发现你的邻居们、陌生人以及同事们，都在增加你的收益，也在增加对你物质利益的供给。要经常以各种可能的方式祈祷神的引导，并且相信，上帝或者至高无上的智慧，正在根据财富情况，赐予你所需要的一切。大胆地声称上帝之灵吧，勇敢地走近施恩宝座。

仁慈和恩典，一旦去掉了神秘感，只是你习惯性思维和想象的一种心灵秩序的反映。换言之，存在着与你的精神思维和想象对应的至高无上的智慧。因此，要祈祷神灵在各个方面的指引。只要你采取这种思维态度，养成这种思维习惯，那么你就会发现看不见的财富法则能够并且将会为你带来看得见的财富。

最近一位医生告诉我，他不断地做如下祈祷："我在生活中愉快地期待着最美好的东西，最美好的东西就必然降临。这是我最喜欢的《圣经》诗句。"她说，"我满脑子里浸润的都是：'上帝赐予我们所有人以生命和呼吸，赐予我们一切。'"她也知道自己的欢乐、健康、成功、幸福或内心的安宁并不依赖他人。在晋升、业绩、财富、成功以及幸福等方面，她指望内心无所不能的永存的神灵。潜心凝神于晋升、成功、业绩、灵感，无所不能的神灵就会为你的利益而施展法力，让你充分展现你潜心凝思的事情。现在就开始并且允许上帝无限的财富为你打开一扇崭新的门，让奇迹在你的生活中发生吧。

在祈祷疗法中要避免争斗和紧张。不要去强迫某些事情的发生。你怎么能给全能的上帝施加力量呢？你能让一粒种子生长吗？你不能。把种子埋在地里，它才会生长。橡树在橡树果里，苹果在苹果种子里。思维的基本原型就在那里，但是你必须将它种到“泥土”里，它在那里消失，经历一番分解，将自己的能量以另一种形式传递下去。

一个关注精神的人看到一个橡树果时，他实际上看到的是一片森林。是的，你的潜意识就是这样起作用的。潜意识成倍地放大了你的善念。所以，要避免紧张感，因为你的态度预示着你自己的信念。如果你焦急、惧怕、担忧，那就会抑制你的好事。那样的话，就会给你的生活带来阻挠、延误、障碍等不利因素。恐惧是什么呢？恐惧就是你极度担心的事情在你身上发生了。所以要逆转这种惧怕心理。想象你极其喜欢的事物会降临到你的生活中。爱是一种情绪附属物。在你的潜意识中全是能解决问题的智慧和力量。

你的潜意识往往容易看到外部状况，并倾向于不断地斗争、抵抗。但是，记住做好事情需要的是宁静的心境。定期地让你的身体沉静下来；告诉自己平静、放松。你的身体完全服从你。你移动，它便移动，你采取什么样的行动它便有什么样的行动。你的身体没有自我意识、没有智慧、没有意志、没有愿望。它完全跟随你。你可以在你的身体上演奏上帝的乐曲。一旦你的显意识平静下来、能够接纳，那么你潜意识的智慧就会浮现至思想表层，这样你就会找到解决问题的方法。

一位美容店经营者告诉我，她成功的秘密是，每天早晨在开美容沙龙之前，留给自己一段安静的时间，用来祷告：

上帝的和平充满了我的灵魂，上帝的爱浸润着我。上帝指引着我，使我的事业蒸蒸日上，上帝赐予我灵感和智慧。我受到了来自天国的启迪。上帝的治愈之爱是一股涓涓细流，从我流向我的每一位顾客。上帝之爱叩响了我的家门，上帝之爱超越了我的家门。所有走近我沙龙的人都会受到保佑、得到治愈、受到鼓舞。上帝无限的治愈力量降临，充满一切空间。这是主所创造的一日，我欢欣无比，感谢降临到我和我所有客人的无尽神恩。

她将自己的祈祷写在一张卡片上，每天早晨反复默念这些真理。夜晚，她感谢所有的顾客，声称他们都受到了指引，他们拥有成功、幸福、和谐，上帝之爱奔涌不息，充满了她生活的每个角落。她娓娓讲述着，按照上述祈祷模式，三个月后，她的沙龙顾客盈门，多得都快忙不过来了，不得不雇了另外三个人帮忙。她发现，有效的祈祷会带来财富，生意之兴隆是她做梦都没想过的。

一位销售经理告诉我，他被解雇了，因为上班时饮酒过量，还因为与办公室里的一位秘书颇有些瓜葛。他非常苦恼，非常沮丧，同时他也担心自己的妻子、收入和前途。

后来，在和他妻子谈话时，我发现，她是个一贯爱唠叨的人，总想着去支配、控制她丈夫。她好嫉妒，占有欲很强。她每天晚上都给丈夫记录时间，如果她丈夫有一会儿不在家，她就会设想某种情景。而丈夫在感情上和精神上都不够成熟，没能建设性地处理好这件事情。他对妻子的唠叨、她提到自己到家时间的事情深恶痛绝。为了报复她，他便经常喝得酩酊大醉，还与另一位妇女制造了风流韵事。他对我说："我就是想报复她。"

他们夫妻两个都认为，婚姻需要两个人都做得很好，需要两个人尽心经营才能成功。如果丈夫和妻子在财富和成功方面达成一致意见(意见一致意味着和谐)，他们就会成功。无论什么时候只要想去做某件事情，就能拥有足够的钱去做。一旦什么时候想去做某件事情，就会拥有足够的钱去做自己想做的事情，就像洛克菲勒一样富有。夫妻二人都同意开始早晚祈祷一段时间。他们意识到，他们为对方祈祷时，就不会有任何埋怨、敌意或者憎恨了，因为上帝之爱驱散了一切与自己不相似的东西。上帝之爱确实驱散了笼罩在他们心头的所有阴霾。

妻子早晚祈祷的内容如下：

我丈夫是上帝之子。上帝正引导他走正路。他正寻找的也正在寻找着他。上帝之爱充满了他的灵魂，上帝的和平充满了他的身心。他在各个方面都很成功——精神上、心理上、财富上、社会地位上，每个方面都很成功。他日日夜夜不停息地进步、进步——精神上、心理上、财富上、社会地位上、智力上等等，各个方面，因为生活本身就是进步和成长。我们之间拥有和谐、和平、爱和理解。在我们的生命中，起作用的是上帝的正确引导和上帝的和平。

丈夫为妻子早晚祈祷的内容如下：

我妻子是上帝之子。她是无限上帝的女儿，永恒之神的孩子。上帝之爱充满了她的灵魂。那代表着：上帝关爱她。上帝的爱、和平、和谐、欢乐在她心中流淌，奔腾不息。她受上帝的引导，方方面面都很顺利。顺利就是在所有方面都成长起来。我们之间拥有和谐、和平、爱和理解。我向她内心的神灵致敬，她向我内心的神灵致敬。

当他们两个都放松下来时，对自己所处的状况也能心平气和地应对了。他们意识到惟一的好事就是来自于这种安宁平和状态。不久丈夫就接到公司经理打来的一个电话，让他回去，说得知他与妻子讲和了。同时，经理还表扬了他以前的业绩和为组织工作作出的贡献。事实上，他并不知道，他妻子拜访了公司经理，解释了一下全部情况——他们现在有多么幸福，那个第三者也从他的生活中彻底消失了。她告诉经理说，他们现在如何在一起祈祷，经理被打动了。她和丈夫很快发现了科学祈祷带来的财富。因为上帝的财富就在你的内心。

如果你用你能感受到的方式成功地祈祷过，你就会明白其中的原理。如果你担忧、焦虑，如果你对祈祷的回应方式、时间、地点或者途径感到困惑，那么你就有点多此一举了。这表明你不能真正地相信你潜意识的智慧。一定要避免整天唠叨，甚至是偶尔唠叨一下也要不得。当你想到你的愿望的时候，积极的触动非常重要。提醒你自己，无限智慧会小心地遵照神赐顺序施恩，这远比你潜意识中怀着某种紧张情绪要好得多。

例如，如果你说“下月15号我需要5 000美元”或者“法官会在本月1号给我作出宣判”，或者“我失去了家园、抵押”等等，这样的情绪就是恐惧、焦虑和紧张。结果会怎样呢？会把阻挠、延误、障碍、困难等带到你的生活中来。一定要回到源泉。记住，你的力量存在于宁静和信心中。当你焦急、紧张、担忧时，是不会获得心灵的宁静、健康或者美好的东西的。回到源泉吧。回到让你心灵绝对安宁的地方，对你自己说——或者，重复下面的真理：

因为我相信，所以它降临到我面前。如果心灵如此，一切都会就绪，如约而至。这意味着，我所做的一切是让自己的心灵做好准备，准备接受祝福，接受指引，接受财富，接受回应，接受解决方法，接受出路。

“根据我的信心，它会降临。”这样去想，信心会让你圆满；保持宁静，你的信心会让你圆满。

如果心灵如此，一切都会就绪，如约而至。上帝之圣光照耀着我。永恒上帝的安宁充满着我的灵魂。我的力量存在于安宁和自信中。

上帝慷慨地赐予我一切供我享用。与上帝同在，一切皆有可能。重复这些简单的真理，即：

上帝是我的引导者。我不必去要求。上帝让我躺在绿色的草地上。他引领我至宁静的湖边。他修复了我的灵魂。当我向上帝祈祷时，他回应我。我深陷困境时，上帝与我同在。上帝置我于天堂，因为他知道我的名字。在我陷入困境时，上帝就会马上赐予我帮助，他是我及时又永恒的供给者。

反复默念上述真理。读一首圣歌，比如读第23首或者第91首。温习一下这些圣歌，带着安宁、和平、愉悦之情，你就会获得心灵的安宁和平静。你注意到上帝永远不会迟到，他会即刻赐予你供给，而且会永远赐予你供给，指导你，引领你，昭示你需要懂得的一切事物，为你开启一扇崭新的大门，启发你解决问题的方法。上帝的财富在你的生活中奔流不息，并且总有盈余。然后，当你采取这样的态度并开始行动时，道路就会开辟，黎明就会出现，阴影就会消散。但是，如果你担心、恐惧、紧张、焦虑，就得不到回应。这只会招致更多的匮乏，更多的困难。所以，逆转这样的想法，回到源泉，反复默念你所知道的真理，凝思上帝的真理，例如：上帝是绝对的安宁、绝对的和谐、无穷的智慧、无限的智力、永生的神灵、洞悉一切的智者、无所不知的圣人、自我更新的神灵；上帝知晓一切，洞悉一切；上帝是所有福祉的源泉。

这样的理念会让你的心灵平静，给你带来安宁。当心灵处于安宁状态，它就会得到上帝的回应。因为你的力量存在于安宁和自信中。上帝知晓的只是回应，所以要学会释放、放松。不要给外部或环境施加力量，将力量和忠诚奉献给你内心的神、你的灵魂、你的信仰。

游泳教练告诉你，你能在水上漂浮。如果你能保持从容、静止、平稳的话，你确实会浮在水上。但是，如果你不安、紧张、恐惧，你会沉下水去。当你追求财富、繁荣、成功或其他别的什么时，你会感到你沉浸在神圣的无所不在的上帝的神恩中，就像你感觉到自己在海里或游泳池里一样，你会注意到现在流经你身边的生命金河，爱、真理、美均在其间，川流不息，奔腾不止，将你的全部存在转化成和谐、爱、安宁、富裕。去感受你自己，在伟大的生命之洋里畅游吧，那种物我一体感会让你得到恢复。

下面的忠言会给你的生活带来美妙的事情，请用心聆听：

这些真理沉入到我的潜意识中。我想象着它们从我的显意识进入我的潜意识，就像我播撒在泥土里的种子。我知道，我是个守旧的人，我想主宰自己的命运。我的信心在于无所不在的上帝，上帝创造了一切事物。我对上帝的信心就是我的财富，这意味着对所有的善事持久的信心。我生活在对最美好事物的期待中，我愉快地期待着：只有最好的才降临到我身上。我知道，未来我会收获累累硕果，因为我所有的信念都是上帝的信念。上帝的力量和我美好的信念同在。我的信念是种子，是善的种子，是真的种子，是美的种子，是富的种子。现在，我把爱、和平、欢乐、成功、富足、安全、善意等信念的种子置放在我心灵的花园中，这是上帝的花园。上帝的荣光和美将在我的生活中得以显现。我知道，我的花园会迎来一个大丰收。从现在起，我会表现生命，表现爱，表现真。我容光焕发，无比幸福，我的各个方面都很好。上帝将会扩大我的善念，上帝赐予我的好处远远超过我的梦想。

发达意味着成功、兴旺，最终得到善果。换言之，当你向繁荣迈进时，你就是在发展，在精神上、心理上、财富上、社会地位上和智力上，各方面都在成长。永远不要嫉妒或眼红别人的财富、职位，因为那会使你贫穷，那会给你招致匮乏和局限。

为他人的成功、他人的兴旺、他人的财富欢欣鼓舞吧！为他们祈求更多的财富，因为你为别人祈求的也是你为自己祈求的。因为你是惟一思考的人。你怎样去思考别人也会在你自己的身心、你的经验里产生同样的想法。这就是为什么你要为数百万的人欢欣鼓舞，祝福他们所取得的成功和拥有的繁荣的原因。为了真正地兴旺发达，让你自己成为一个生命本能自由流淌的通道，通过你，一切都会变得和谐、欢乐、愉悦，这非常必要。

我建议你确定一套明确的工作思路和思考方法，每天都定时地、系统地进行练习。

有一位年轻人，有贫穷情结多年了。因为他的祈祷没有得到任何回应，于是向我请教。他虽然祈祷发达，但是对贫穷的恐惧感却不断地袭上心头。自然，他不仅没有发达，反倒招致了更多的匮乏和局限。潜意识认可了这两个念头中占主导性地位的那个。所以，一定要改变你的理念，改变你信仰贫穷的理念。信仰上帝，信仰上帝无限丰富的财富，上帝的财富就在你的周围。

和我交谈之后，他开始意识到，想象财富就会带来财富；每一个想法都是具有创造性的，除非它被一个更为强烈的相反的想法给压制住了。此外,他还注意到,他关于贫穷的想法和信念要比他对周围无限财富的信念强烈。因此,他改变了想法,改变了自己的观念。我为他写了如下一段祈祷繁荣的文字,它也会对你有好处的:

我知道只有一个源泉,只有一个生命本能,只有一个活的神灵,一切都来自这一源泉,奔流不息。它创造了宇宙及宇宙中的一切。我是神明君临的焦点。我的思想是开放的、善于接受的。我是自由的通道,和谐、美、指引、金钱和上帝的财富都从我这儿流经。我知道,金钱、健康和成功是从内心释放出来的,然后才在外部显现出来。我现在和无限的财富和谐相处,不管是内心还是外在。我知道,这些想法正沉浸在我的潜意识中,它们会在外部得到反映。我希望每个人都得到生命的祝福。我是开放的,我善于接受上帝的财富,精神上、心理上和物质上的财富,它们铺天盖地地涌向我。

现在,这位年轻人将自己的想法集中在上帝的财富而不是贫穷上。他特别重视永远不要否定自己所认可的东西。很多人祈祷财富,但是一个小时后又否定了。他们说:"我付不起,我入不敷出了。"这是在嘲笑自己的祈祷。他们就像纽约那个进了出租车,打算去飞机场的乘客。路上,他对出租车司机说:"噢,把我带回家吧,我忘了带护照。"司机载他回家。然后,走在路上时,他又说:"我最好去俱乐部,我忘了带钱包。"出租车司机又带他去俱乐部,这时他又说:"哦,我把一些信件忘在我奶奶家里了。"所以,他又去奶奶家。半个小时的时间里,他给了出租车司机六七个方向。最后,出租车司机把他送到了警察局，因为他意识到这位乘客头脑混乱。

好，现在，我们要说的是，成千上万的人就是这么祈祷的。要知道，半个小时或一个小时之内，给自己的潜意识六七个方向，潜意识也会很迷茫很困惑，不知如何是好，所以即使祈祷也无济于事，所以绝对会出现挫折。挫折来自挫败、欺骗、劳而无功。所以，你不能把种子种在地里然后再挖出来。别做与你已经要求的相矛盾的事情。有些人就是这么祈祷繁荣的，他们不断地否定自己的要求。这么做是在嘲笑祈祷。

所以，这位年轻人将注意力放在了上帝的财富而不是贫穷上。他不再说“我买不起”或“我不能买那架钢琴或那辆车”。决不要用“不能”这样的字眼。你的潜意识在字面上接受了你，阻断了你所有的好事。现在，在一个月的时间内，他的整个生活改变了。他坚定地宣称上述真理，就是我提到过的早晚重复十分钟，慢慢地、静静地，将这些真理印刻在脑子里，知道自己在做什么，相信自己所做的。我们知道，他实际上是将这些真理铭记在潜意识中，激活潜意识，释放暗藏的宝藏；因为金矿就在你的潜意识中，钻石矿也在你的潜意识中。潜意识是上帝所有财富的源泉。

虽然那个年轻人做了十年的销售员，未来前途并不光明，但是突然之间他却当上了销售经理，年薪 50 000 美元，外加基本津贴。潜意识的有些方面你不知道。潜意识填满财富的概念，你却仍然受苦受穷，这种情况是不可能发生的。上帝不会失败的。你是为胜利而生的。让我们一起祈祷：“日日夜夜，我在进步，进步，我在成长。上帝慷慨地赐予我一切，供我享用。”

小结

当金钱在你的生活中自由流通时，你拥有健康的经济状况；这就好比，当你的血液在你身体内自由循环时，你便摆脱了血栓病症的困扰。

心无旁骛，排除一切事物，专心致力于积攒钱财会使人心理失衡，失之完满，并遭受挫折。但是，正确地运用潜意识规则，你会拥有你所向往的所有金钱而依然保持宁静的心境，和谐、圆满、安宁。

上帝是你的能量供给的源泉，是你的活力的源泉，是你的健康的源泉，是你的创造性思想的源泉，是太阳的源泉，是你的呼吸的空气的源泉，是你吃到的苹果的源泉，是你口袋里的钱币的源泉。

每天都坚称："我是为成功而生的。我是为赢得胜利而生的。我内心深处的上帝是不会输的。神的法则和秩序决定着我的生活，神的和平充满了我的灵魂，神的爱浸润着我的头脑，无限的智力在各个方面都给我引导。上帝的财富自由自在地、欢天喜地地、无休无止地、川流不息地向我涌来。我在进步，进步，心理、精神、经济以及其他各方面都在成长。我知道这些真理正深深地沉入到我的潜意识中，我知道并且坚信，它们将会各从其类，生长壮大。"

坚持不懈地坚称、感受并且相信上帝会成就你的好事，好事会远远超出你的要求，让你在一天里的每一刻都会更加富足，不论是精神上、心理上、智力上，还是财富上、社会地位上。因为日常生活的荣光是没有止境的，去等待奇迹发生吧！

每天祈祷如下：

我知道只有一个上帝源泉，只有一个生命本能，只有一个活的神灵，一切都来自这一源泉，奔流不息。上帝源泉创造了宇宙及宇宙中的一切。我是神明君临的焦点。我的思想是开放的、善于接受的。我是自由的通道，和谐、美、指引、金钱和上帝的财富都从我这儿流经。我知道，金钱、健康和成功是从内心释放出来的，然后才在外部显现出来。我现在和无限的财富和谐相处，不管是内心还是外在。我知道这些想法正沉浸在我的潜意识中，它们会在外部得到反映，我希望每个人都得到生命的祝福。我是开放的，我善于接受上帝的财富，精神上、心理上和物质上的财富，它们铺天盖地地涌向我。

第二章　实现你的愿望

愿望是上帝赐予的礼物。勃朗宁(Browning)说过:“赐予者,是你,上帝;接受者,是我。”愿望推动你奋发进取,愿望鞭策你采取行动,愿望督促你进步。渴望健康、渴望幸福、渴望富有、渴望安全,凡此种种,都属愿望。所有这一切愿望都是上帝派遣并驻守在你内心的天使,它们对你说:“来吧,提升你自己吧,提升至更高的位置,我需要你。”

愿望督促你进步。愿望是推动力,是你内心的生命本能。因为愿望,你会一个箭步避开冲你急驶而来的汽车,因为我们都有一个最基本的要求,想保护生命;农民播下种子,因为希望为自己和家人收获更多的食物;我们制造飞机和宇宙飞船,因为我们希望搏击长空，探索世界。

愿望是无限上帝催人奋进的力量。上帝赐予我们愿望，是想通过愿望来告诉我们，如果能够接受某些事物，我们的生活会更加充实、更加幸福。渴望从愿望中获得的利益越大，我们的愿望就越强烈。没有预期的利益、收获或者进步、增长，就没有愿望，所以也就不会有行动。

如果长时间地不知道自己要成为什么、要做什么、要拥有什么，就会导致挫败和苦恼。你来到世上就是要作出选择的：选择幸福，选择和平，选择发展，选择所有生活的福祉。你的愿望使你能够说："因为好，所以我选择；因为不好，所以我拒绝。"一切选择都意味着你已经领悟到所选择的比所拒绝的更为可取。

有些思想流派对愿望施行打消和压制的做法，这一行为带来的后果十分有害。如果人们成功地打消和压制了愿望，那么对他们来说，就没有善恶之分了，因为没有哪一个事物有力量唤起人们心中的愿望。没有了愿望，不管面对什么样的感情、什么样的行为动机，他们都会死气沉沉，萎靡不振。拥有愿望意味着，因为一件事优于另一件事，所以你作出选择。愿望灰飞烟灭之处，选择能力便不复存在。

没有真正意义上的邪恶愿望。你可能会误导或者误解你内心中升起的愿望。例如，如果你贫穷，就渴望富有；如果你身患重疾，就渴望健康，健康就是你的救世主；如果你坐牢，自由就是你的救世主；如果你在沙漠口渴难耐，水就是你的救世主。你实现了的愿望就是你的救世主。你可能渴望爱，渴望友谊。渴望财富的人可能会因为无知，用杀死银行家或抢劫商店的方式来实现自己的愿望或强烈欲望，这就是愿望的误导。由于愿望的误导，好端端的一个人会被指控为杀人凶手而锒铛入狱。

如果实现愿望会牺牲掉正直的品格，或者需要以其他东西作为代价，那么压制愿望可能要更好一些。举个简单的例子：如果是用诚实的手段获得或占有的话，渴望物质财富，这样的愿望并无害处。因为物质财富的获得能更好地为我们服务，能给孩子提供教育费用，能让全家过上好日子。但是，如果太看重物质财富，以至于不能从从容容地去做其他事情，并因此而忽略了家庭，欺骗别人，让物质财富成为我们存在的中心、左右我们的话，那么该受责备的不是获得财富这一愿望本身，而恰恰是我们将财富的意义玷污了。

一旦接受在我们内心存在着无限智慧，是无限智慧创造了宇宙及宇宙中的一切事物这一观念，它就能帮助我们实现各种愿望，帮助我们克服障碍感和挫败感。我们渴望食物是合理的、正常的。但是，为了获得一块面包而谋杀别人就会导致暴力、冲突、罪行和自我毁灭。

在我们内心存在着一股力量，这股力量会提升我们，使我们健步迈向通往幸福、健康、心灵安宁的康庄大道，实现我们最甜美的梦想，而不以剥夺他人的幸福为代价。

也许大多数人所追求的是发展壮大，这是内心的上帝在迫切要求他们在生活的各个阶段充分地展现自己。

当农民在田野里撒播下种子，满怀热情地浇灌、培育它们时，上帝赐予他们的增长就是让庄稼成千上万倍地增殖；同样，不管你在头脑里播撒了什么理念，在表现方式上都是感情和想象的增长。

“增长”意味着你的好事的扩大化，“增长”是你初始理念或计划的延伸。如果不发起最初的行动，显而易见，增长就无从谈起。你孤家寡人成就不了什么，是上帝赐予了你增长。

我们播种思想和理念，并用祈祷和对上帝的信念来辛勤培育。结果是收获增长——这就是我们所获得的报酬。

在使用播种、浇灌和收获（增长）等等类比时，我们就是利用最基本的、一成不变的、值得信赖的一条宇宙原则：农业法则永远能经受得住时间的检验。我们生存的世界是一片荒原或者沙漠，我们可能将它改造成一个美丽的花园，一座郁郁葱葱的葡萄园，一片营养丰富的麦田——可耕种的肥田沃野、美丽的植物、维持生命的营养品，从而代替树莓、杂草或者野豌豆。

种子是上帝创造的奇迹。把一粒种子扔进铧犁翻过的泥土里，它就再也不见了。如果雨水充足，它便隐没最初的形迹，在黑暗的泥土里孕育，偷偷钻出来，比最初的形态增大一千倍乃至一万倍。如果把它挖出来，仔细观察，你便会发现，一粒种子的变化是如此之大，我们甚至都不敢辨认了！

这是一个切实的、精确的、很有启发性的过程，一粒种子的生长过程就是大脑的运作过程，这也是我们思想成长的历程，是我们思想成长的必然结果，这同时也是我们的愿望在一步步茁壮成长的真实写照。

我们就这样播种下一个理念,一个有意识的、有理性的想法——包括经常性的、习惯性的想法。这样的理念既不会因为属性相反而对立,也不会因为性质相反而矛盾,它深深地沉淀在深层思想(潜意识)的肥沃土壤里。

种子"死亡"了,然后在深层思想中孕育、发展、增长了,在较大或较小的程度上繁殖,即出现在我们的经历中。这是一个非常完美的类比。种子的扩大程度与心理占有的频繁程度和情感与想象的强烈程度一致。

在古代哲学家的作品、《圣经》和其他宗教作品中都有这样的说法。如果这一过程真的如此简单的话,人们禁不住要问:"那为什么我现在的日子过得一塌糊涂呢?"

提出这样的问题合情合理,该问题和时间一样悠久古老。心灵的事情是看不见的,也不能正确地、精确地进行描述。例如,恋爱中的人都承认爱情的存在,爱可以有各种各样的表现形式,但我们却看不见爱在哪里。

智力也是看不见的,我们看到的只是智力的各种结果或不同功能。欢乐也是不可见的,愤怒也是不可见的,敌意也是不可见的,暴怒也是不可见的;看得见的只有这些情绪导致的结果。友善也是看不见的,同情也是看不见的,合作也是看不见的。真理只能通过比较、类比、讽喻和寓言——我们所知道的最古老的教育技巧——描述并呈现出来。

当教授们试图向学生解释原子内部的运动时，他们实际上看不到原子内部的运动，学生们也看不到。他们必须用类比的方法来说明，例如电子围绕着原子核转，就像各大行星围绕着太阳转一样。学生们就在曾经只是一片黑暗的地方“看到了光明”。

增长法则也是同样的道理。因为有了对种子（理念或思想）的培育（传播并且请求）过程，所以才会获得丰收（回报）。

智慧的、创造性的源泉对你的信念、你根深蒂固的（培育良好的）观点和概念作出回应。在想象中，你要开始定期地对所获得的增长表示感谢。你会发现，变化发生了，那是心灵的运动。于是，新的观点产生了，新的联系开始了，新的机会出现了，这是建设性地运用想象能力的结果，太奇妙了！在你心中，你会“听到”你所钦佩的人祝贺你的消息。

如果你感到失望的话，那么就移植新的观念；给这些新观念留出时间，让它们生根发芽，那么新观念就会从此茁壮生长、繁荣旺盛、生机无限。否则，我们就会像那个将种子撒在路边结果被小鸟吃掉的播种者一样。

心灵善于接受，那么请将这些具有无限生命力、有远大抱负的信念深深地植入你的内心吧。你将会无数倍地增殖你的收获。潜心凝想一下友爱、健康以及你甚至不知道的、你所拥有的各种各样的财富和潜能。精神财富、意识财富，包括物质财富，一切都会成为你的。

将种子移植在你心灵的花园中，这粒种子会慷慨地、心甘情愿地去充当你的保护神，它具有指导性力量。这粒种子带着情绪和感觉，会因期待接受而生机盎然。这粒种子会因为居于你的心灵深处而欣欣向荣。这粒种子会茁壮成长。这粒种子会在你的生命中生根发芽，随同你日渐丰富的生活而增长、扩大、繁殖，远远超过你最美好的梦想，超过你内心的想象。

有一个人，身无分文，失业了，忍受着极大的挫败感。不久前，他来听我的一个关于潜意识力量的演讲。他回到家里决定开始利用潜意识的力量。以前他从没有听过类似的讲演，听完后他颇有感触地说："这有点意思。"他把想要的三样东西列了个清单。你可以称之为物质。但这些东西都是他需要的，他有资格得到。他的第一个愿望是想找份工作。因为没有工作收入，就不可能满足愿望。

他的第二个愿望是想要辆汽车。汽车在你的门外，难道这不是一个精神想法吗？假设世上所有的汽车都被一场大灾难给毁掉了，工程师会画出新的设计图纸，制造更多的汽车。你认为汽车在哪里呢？难道不是在工程师的大脑里吗？你看到的每一件事物都来自于看不见的人类的头脑或者是看不见的上帝的头脑。头脑就是财富、健康和其他一切东西存在的地方。

所以对这个人来说，清单上所列的项目就是真实的想法：一份工作、一辆汽车、他所需要的钱财。他选择了这些具体的东西，想看看自己的想法是不是会变成实物。他想向自己证明，关于事物的理念就是事物本身。我在演讲中说过，理念就是现实背后的形式，这就像我脑子里正有一个想法，要写一本书。书在哪里呢？在我自己的大脑里，不是吗？

他制定了明确的行动方法，并且每天都认认真真地练习。他坚持了足够长的时间，给自己的愿望以公平的机会。因为他知道，尝试一两次的话是学不会游泳的。他这样来祈祷：“我知道无限智慧会回应我。现在它在启发我的真性情。我意识到了我潜藏的才能。我将会有非常可观的收入。我知道潜藏在内心的力量，它的表现就是上帝的头脑的表现。我接受降临于我的意识、推理思维的指引。我不会错过的。它真真切切地、明白无误地来到了，我能认得出来。”自此之后，在两周之内，他开始实验。在旧金山，他签订了工作合同。他对自己的理念法则充满感激，喜不自禁。然后他继续下一个目标，一辆新车。他没有钱买车。他对我说：“我知道我有得到一辆车的想法。这个想法是真实的，我对这个想法充满信心。车一定会出现。”他在抽彩售货中抽中了一辆车。如果他有钱，我相信他会出去买一辆车。但是他在抽彩售货中抽到了一辆。至于他如何获得这辆车，这又有什么区别呢？他既没有去偷盗也没有去抢劫。

现在他懂得了潜意识的秘密：如果从心理上、情感上将自己与理念视为一体，那么潜意识就会使你梦想成真。对此他充满感激之情。

他的下一个要求是获得更多的财富。每个早晨和晚上，他都会在祈祷时间里，感谢上帝的财富在自己的生活中无休无止地循环，声称他的财富理念实现了。他爱上了旧金山一个富裕的寡妇，她为他的新业务筹措资金。这个人制定了一套明确的祈祷方法,声称他的每一个愿望都已经实现了。他分别提出每一个愿望,但同时所有的愿望都是在早晚沉思冥想的时间里提出的。

如果你像上面提到的那个人一样祈祷,可是几周之内丝毫不见情况有好转的意思,那就不要再使用这种方法了,换一个新的。记住,上帝肯定会有所回应,回应就像太阳东升西落一样确定。

你一定不要偷盗。在你的内心深处,你拥有无条件地进入内心无限空间的能力。大声地将你想要的、你所感受的、让你喜悦的东西喊出来,你的愿望会马上实现。培养简单性和自发性。要知道,只要正确合理地祈祷,不管你祈祷的是什么,都要相信你会得到它。现在就下定决心,你能做你渴望做的事情,你能成为你渴望成为的人。

上帝是你内心无限的生命原则,它总能寻找到治愈你的方法。上帝的旨意就是让你复元,上帝的旨意就是想照亮你的道路。在平庸、疾病或者艰苦的环境中,支撑你的除了你自己的思想和临时的信念之外,别无他物。走出恐惧、匮乏、孤独的牢狱吧!不要认为上帝是高居于天空中一位花白胡子的老人。上帝无所不在,上帝是无限的力量,上帝是你内心的无限智慧。当你在酣睡的时候,当你在消化食物的时候,上帝总是仁慈地注视着你;当你说"我早晨想在两点钟起床"时,上帝会回应你。上帝两点钟叫醒了你,不是吗?

请注意,上帝无限的治愈力量就存在于你的内心,上帝会使你复元。不要说上帝在惩罚你，因为这是一种亵渎神灵的行为，这是十足的无知。无知是宇宙中惟一的罪孽，所有的惩罚、苦难、痛苦都是无知所带来的后果。你的身心是一体的。人们已经意识到，在身心医学领域，不可能说清楚心灵从哪里开始，身体从哪里结束。现在的研究工作显示，看不见的身体疾患的潜在原因在于心灵的深度混乱，在于让人沮丧的精神错乱，在于让人困惑不解的欲望，在于嫉妒和焦虑。

当我们因为错误的思想、滥用法律而惹祸上身时，责备无限存在的上帝是非常愚蠢的。如果你愚蠢地使用了电的原则，你就会陷入困境，是不是？你能用水将一个孩子溺死，但是，水并无罪恶；你能制造一个电雷管炸死人，但是电并无罪恶，因为你也能用电煎鸡蛋。生命原则并无罪恶，问题在于我们如何使用这些原则。你怎样使用呢？我们的动机是什么呢？

你既可以消极地使用你的潜意识力量，也可以建设性地使用它。

一位年轻妇女对我说，她所希望的就是智慧。智慧是人们的一个总体希望。对此，我们有不同的说法。如果有智慧，无论你身在何处，你都可以充分地展现你自己。汽车是你门前的一个精神理念。火腿三明治也是一个精神理念，你一旦饿了，它就是你祈祷的一个回应。在舞台上，如果你歌唱得很好，那也是精神的，就像在教堂的唱诗班里一样。给你修理房顶的工人师傅也是在从事精神活动，就像牧师、神父、毛拉或者拉比一样，后者可能正在读《圣经》经文，或者《古兰经》，或者通过广播布道。

注意，精神和肉体是一体的。不要看不起物质的东西，赶快停止这样的想法。停止，毅然决然地停止！别把上帝的精神和世界的血肉之躯区分开来！因为它们是一体的，是同一的。

有人曾经问爱因斯坦（Einstein）："什么是物质？"他说："物质就是精神，或者能量。一旦它们简化到可见的程度，就是物质。"一万年前，古印度教徒说："物质是被简化到能看得见的精神。"他们还说："精神和物质是一体的；物质是最低程度的精神，精神是最高程度的物质。"每一个身体行动，不管你认为它有多么低级，都是你内心推动物质形式的永生的精神。你不会因为擦洗脏兮兮的地板或者清理马厩而降低品格或者身份。如果你谴责世界上的任何事情，你就是在降低身份，贬低自己。

善和恶都在你的思想中。你通过自己的所想所感给宇宙中的一切事物涂上颜色。不要批评、责备或者轻视你的身体或世界。你的身体是永生的上帝的殿宇。赞扬你身体里的上帝。广阔的、宽广的世界是上帝的身体。世界就是上帝的舞蹈，世界就是上帝的赞歌。

我的一位同事，国际宗教科学会会长（President of Religious Science International）J·肯尼迪·舒尔茨博士（Dr. Kennedy Schultz）曾经写道："当理念支撑着生命的时候，理念是伟大的。生命复元的概念唾手可得，它普遍存在、切实可行、悦人心意。生命理念的内容就是个人的自由、普遍的和平、无条件的关爱、持续发展的生产力。"

“这样的理念更新了所有人的生活。它们是有史以来使人类生活得越来越好的构成材料(实质)。尽管在每个时代都存在着困扰人类的无知和残酷,但是为使人类保持活力,都要继续向前发展。即使发展缓慢,每一代人中都会有一些人重新提出这一理念,并公开地重新宣扬这一理念。”

他们中有些人不仅成为他们所处时代的领导者和鼓舞者,而且他们也领导和鼓舞了自此之后的世世代代,甚至直到现在他们还是领导者和鼓舞者。他们中有犹太领导者摩西、印度教的克利须那、印度神秘主义和佛教创始人释迦牟尼、基督教信奉的救世主耶稣。

他们给我们指明了道路。他们伟大的思想从来不是集中在自己身上,而是集中在高尚力量上,集中在对我们有回应的力量上。“我总是与你同在。”这是永生的仁慈的上帝的许诺。他们分别生活在不同的年代、不同的国家。只是在这一点上,他们有共通相似之处。思想是媒介,我们通过思想活着,与世界联系着,相互联系着。思想是我们共同的创造者。通过思想这一媒介物,我们学会欣赏生活,欣赏其他,欣赏与生活等同的伟大目标,欣赏与实现富裕生活愿望等同的伟大目标。

现在,让我们虔诚地默想一下。在你的心中是一片安宁,这是上帝创造的和平。在这份静谧中,你所感受到的是力量、是欢乐、是上帝神圣的慈爱。请注意,无限的智慧在各个方面引领你、指导你。无限智慧是你脚下的一盏明灯,照亮了你前行的道路。骑上这匹白马吧，这恰似上帝的精神在你心灵的原野上自由驰骋。抛开一切问题和琐事，将你的精力集中在愿望满足之后的现实上，看一看愿望实现之后的事实。心怀喜悦，直奔你的目标而去。一旦看到目标，你就会成为实现目标的载体。

小结

愿望是无限上帝催人奋进的力量。上帝赐予我们愿望，是想通过愿望来告诉我们，如果能够接受某些事物，我们的生活会更加充实、更加幸福。渴望从愿望中获得的利益越大，我们的愿望就越强烈。没有预期的利益、收获或者进步、增长，就没有愿望，所以也就不会有行动。

愿望是创造性力量；我们必须明智地对愿望进行疏理和引导。愿望和愿望的实现都是在你的内心发生的。

从心理上和情感上将你自己和理念视为一体。潜意识会实现你的理念。

走出恐惧、匮乏、孤独的牢狱吧！不要认为上帝是高居于天空中一位花白胡子的老人。上帝无所不在。上帝是无限的力量，上帝是你内心的无限智慧。请注意，上帝无限的治愈力量就存在于你的内心，上帝会使你复元。不要说上帝在惩罚你，因为这是一种亵渎神灵的行为，这是十足的无知。无知是宇宙中惟一的罪孽，所有的惩罚、苦难、痛苦都是无知所带来的后果。你的身心是一体的。

请注意，无限的智慧在各个方面引领你、指导你。抛开一切问题和琐事，将你的精力集中在愿望满足之后的现实上，看一看愿望实现之后的事实。心怀喜悦，直奔你的目标而去。一旦看到目标，你就会成为实现目标的载体。

第三章　系统地规划你的潜意识

为了弄清楚怎样通过你的潜意识来创造财富，理解潜意识是如何运作的，至关重要。

假设有一位心理学家或者精神学家正在给你催眠，在睡眠状态下，你的意识、理性思维暂时中断，你的潜意识服从暗示。心理学家或者精神学家暗示你，你是美国总统。你的潜意识将把这一暗示看做是真实的，你的潜意识既不做推理，也不做任何选择，甚至不做区别，而你的意识却是要做推理、要做选择、要做区别的。你会假定所有的装腔作势都是重要身份和显赫地位所必需的，你相信它们都是那种场合下应该有的伴随物。如果给你一杯水并告诉你，你喝醉了，你会尽你最大所能，扮演一个醉汉的角色。

如果你告诉精神学家，你对猫尾草（提姆西草）过敏，精神学家在你鼻子下放了一杯蒸馏水，同时告诉你这是猫尾草，你就会出现过敏时会出现的所有症状，你的生理和身体的反应将会是相同的——就好像水实际上是猫尾草一样的反应。

如果告诉你，你是贫民窟里的一个乞丐，你的行为会马上改变。你会采取谦卑的乞食者的态度，想象着自己手里捧着一个马口铁的罐子在乞讨。

简言之，潜意识会使你相信你是任何人。例如，一座雕像、一只狗、一个士兵、一个游泳的人。你会在你的知识能力范围内，根据你所了解的该事物所具有的特征，极其逼真地扮演某一角色。

另一个要记住的重要事情是，你的潜意识总是接受两个想法中占主导地位的那个。也就是说，毫无疑问，不管你的前提条件是绝对正确还是绝对错误，潜意识都会接受你的信念。现代科学的、直线型思考的人会在潜意识中将上帝看做无限智慧。他们不关心人们将上帝称之为什么，不管是超意识、无意识、主观思想、生活信仰、全知全能、至高无上的智慧、伊斯兰教的真主阿拉、印度教的梵天、基督教的耶和华，还是现实、精神、洞悉一切的眼睛。问题是：上帝就在那里，在你的内心。所有无限的力量都在你的内心。

上帝是精神，然而，精神没有面孔，没有形式或形状。它是永恒的、无限的、不灭的。同样的精神深居于我们所有人的内心。这就是为什么《圣经》上说："上帝的王国在你的内心。"（是的，上帝就是你的思想、你的感受、你的想象。换言之，你内心看不见的那一部分就是上帝。）上帝是你内心的生命原则，是无限的爱，是绝对和谐，是无限的智慧。

你能够通过你的思想与这种看不见的力量相联系。明白这一点，就会揭去整个祈祷过程中神秘、迷信和疑惑的面纱。《圣经》上说："言词就是上帝。"你知道，言词是表达的思想。根据你已经听到的，每一思想都是创造性的，它们都会根据你思想的性质，在你的生活中表现出来。它坚持这样的推断，即任何时候你找到了创造性力量，你就找到了上帝，因为只有一个创造性力量，不是两个，不是三个，也不是一千个，只有一个。

在我们小的时候，很多人受到过否定性约束。人在幼小的时候，可塑性非常强，很容易受到暗示。例如，假设说查尔斯是个烦人的家伙，脾气非常坏，或者爱抱怨。他解决这个问题的方法就是，每晚在睡觉前，坐下来大声宣称下面的真理。上午和下午也要这样做。

自此以后，我要更多地培养好性情。我会拥有更多的快乐、更多的幸福、更多的内心安宁。我会越来越招人喜爱，更加善解人意。现在，我正成为周围人的中心。我欢乐、热诚、善良，我正以好性情感染他们。这种幸福、愉快、欢乐的氛围现在正成为我正常的、自然的心态。对此，我心生感激。

查尔斯将这些真理刻写在潜意识中。他能重新规划自己的潜意识，能使潜意识改变方向，能在潜意识上写满新的理念。潜意识具有强迫性。因此，他会变得性格温和、热情诚恳、充满善意。

他记下这些言语，重述这些真理，反复默念，提醒自己正在把这些真理铭记在内心深处。不管印在潜意识中的是什么，都会表现为形式、功能、经历和事件。因为在潜意识心理之外是各种生活问题。

很多人小的时候，深受消极暗示、消极条件、消极规划之害。

在各个年龄段，在任何一个时代，地球上的任何一个国家，暗示的力量都在人们的生活和思想中起着重要作用。世界上有很多地方，暗示都是宗教中的控制性力量。暗示可被用来约束和控制自我。暗示分为两种，既有建设性暗示，也有破坏性暗示。暗示可以用来控制和支配那些不懂得心理法则的人。当暗示表现为建设性的时候，它是美妙高尚的。它否定性的一面是所有心理反应模式中最具有破坏性的力量之一；否定性暗示会导致自卑、失败、痛苦、缺陷、疾病等各种问题。

从婴儿期开始，我们大多数人都受到过很多否定性暗示。用“否定规划”这一说法可能更好。不知道该如何拒绝或挫败否定性暗示，我们无意识中就接受了这些暗示。下面是一些否定性暗示导致你潜意识否定性规划的例子。可能有人告诉你说：“哦，那个事情你做不了。”有人对你说：“你不能做那件事。你会失败的。你没有机会。你大错特错了。没有用处的。不是你懂得什么，而是你认识谁的问题。世界堕落了。有什么用呢？没有人关心。这么卖力一点用都没有。”另外一些人对你说：“啊，你现在年龄太大了，别想了。你的记忆力不行了。事情越来越糟。生活就是毫无止境的折磨。”还有人对你说：“爱是荒唐无聊的骗人的东西。你赢不了的。你很快就会破产的。当心：你会感染上病毒的。你千万别相信灵魂。”

如果你接受了上面所有的否定性暗示，你就在用一种消极的方式规划你的潜意识，你就会产生自卑感、失败感、恐惧感。

除非作为一个成年人，你能建设性地规划你的潜意识，这是一种潜意识的修复疗法。过去给你留下的印象会导致某种行为模式，导致你在个人和社会生活中的失败。规划是一种手段，它将你从大量的否定性的口头约束中解放出来。那些约束用其他的方式扭曲了你的生活模式，使好习惯的发展变得非常困难。

每天拿起报纸来，你都会读到很多条类似的消息，即种下否定的种子：无用、恐惧、担心、焦虑和即将到来的厄运等等。如果你接受了这些思想，这些恐惧的念头会让你失去生活的意志。通过给你的潜意识一些建设性的自我暗示，你就会知道你能拒绝所有的否定性暗示，这样你便可以抵制所有破坏性的想法。

定期检查人们给你的否定性暗示，你就不会受到破坏性的消极暗示的影响了。在童年和青少年时期，我们都遭受过否定性暗示之苦。回顾一下过去，你能很容易地想起父母亲、朋友、亲戚、老师和同事，他们是怎样在否定性暗示这场大战中愈演愈烈的。研究一下他们对你说的那些话，你会发现，其中大多数形式是口头宣传。至于那些话的目的，大多数是控制你，或者给你灌输恐惧思想。在每个家庭、每个办公室、每个工厂、每个俱乐部中否定性暗示都不同程度地存在，而且将会继续存在。

现在，有一种方法能规划你的潜意识。每天早晨，你可以心平气和地、安静地、放松地坐下来，宣称如下真理：

“神授法则和秩序支配我的生活。神授的正确行动是至高无上的光荣行动。神授成功就是我的成功，神授和谐就是我的和谐，神授和平充满着我的灵魂，神授之爱浸润着我的整个存在，神授富裕就是我的富裕。今天神授之爱降临到我的面前，自此之后的每一天，神授之爱都会降临到我面前。我将一路拥有正直、欢乐、荣光。”

下面是第二次世界大战期间一位海军上尉规划潜意识的方法。他经常重述这些真理。通过重复、信仰、期待，这些真理逐渐地进入了他的潜意识。不管你在潜意识中表达了什么内容，都是强迫性的。因此，他被迫过着一种和谐、和平、充满友爱的生活。他是如何规划潜意识的呢？每天早上和晚上，他都重复自己的第23首赞美诗，这是他的祷告：

主就是我的领航员。我将不会随波漂流。主跨越黑暗的海洋，带给我光明。主在深深的海峡里给我掌舵。主将我记入航行日志。因为其圣名之故，主指引着我，通过神圣的星星指引着我。是的，虽然我依然在生活的雷鸣和暴风雨中航行，但是，因为你，我的主，与我同在，我不再惧怕。你爱护我、关心我、庇佑我。你在来世之乡为我准备了停泊的港湾，我的避难所。你给波涛涂油，波浪因此而神圣。我的轮船平稳地航行。太阳之光和星星之光在我的航程中给我恩惠，我安全地航行。我将在，而且永远在上帝之港得到安宁。

你也可以这样祈祷。每天早晨，在你踏入汽车之前，你可以坐下来，重复或者默念上述真理，提醒你自己这些真理。你在干什么呢？不就是在规划潜意识吗？你不是正在把这些真理刻写在你的潜意识吗？你不就是在给它注入生命形式吗？当你重述这些真理，提醒你自己，宣扬这些真理、信仰这些真理的时候，你就沉入到潜意识中，它们就会成为强迫性的，因为潜意识的性质就是强迫性的。

一次，我在新奥尔良(New Orleans)的三一教堂做报告时，一位妇女告诉我，以前有位男士经常来这里，他总是悄悄地对自己说："我附近有很多的劫匪，我晚上直到很晚还开着门。某个夜晚我就会被抢劫，也有可能会被枪杀。"他们告诉他："别再做这些消极性暗示了。别沿着这个思路往下想了。"

可是，他还继续那么想。他自己没注意到这一点。他不断地消极地规划自己的潜意识。后来他被抢劫了，也被枪杀了。现在，我们知道，他的做法是错误的。他应当看看第91首赞美诗，内容是：

我居住在最高尚的静谧之所。我坚持全能上帝的庇佑。我要对主说：你是我的避难所，是我的信念堡垒。我的上帝，我信任你。你用羽翼护佑我平安。我在你的护佑下永享安宁和平。真理将是我的后盾、我的护佑。我不会惧怕夜晚的恐怖、白天的飞矢。

他本来可以默念上述真理的。他本该意识到上帝之爱包围着他，拥抱着他。他之所在，便是上帝之所在。他本该对自己说："你是我的躲避之所。你将会用解救之歌包围着我。"这样的话，他就会免于任何伤害。这些理念都是赋予你免疫性的精神抗体。你会陶醉于上帝的精神中。这理念是规划你的潜意识的正确方法。

几年前，有一位侦探告诉我，有位妇女遭强奸后被扼死。在检查她的公寓时，侦探发现了二十年前的剪报。实际上，那位妇女消极地规划了自己的潜意识。当然，她经历了自己所恐惧的东西。消极规划自己的潜意识是错误的。恐惧是信心的颠倒，是对错误的事情充满信心。有一位政治家对报社记者说："我一直生活在对暗杀的恐惧中。"即使他面前有防弹玻璃，他还是说这番话。当然，他不懂潜意识的法则。也许，他不知道自己可以驱逐恐惧。"我不会害怕邪恶，因为你与我同在。你的魔杖以及你的权杖，会给我带来慰藉。"魔杖意味着力量，权杖代表着权威。向上帝发出呼唤，他就会回应你。和上帝在一起的人就拥有优势。如果上帝支持我，那么谁会反对我呢？上帝是我的隐匿避难所。上帝将用解救之歌包围我。

那位政治家应该说："我居住在一个隐秘之处。上帝的爱是永恒的、神圣的，我被上帝之爱环绕着。上帝全部的保障护卫着我。不管我去哪里，上帝之光环都围绕着我，拥抱着我，笼罩着我。"他将使自己免受任何伤害的影响，不可战胜。这才是规划你的潜意识的正确方法。你能逐步建立安全感。哦，是的，你能。"一个人在心中或潜意识中想什么，他就会成为什么。"所以他就会怎样去行动，怎样去感受，怎样去表现。

这是法则。我不是讨论在头脑中思考，而是讨论在心里思考，即你自己的潜意识。有什么样的印象，就有什么样的表现。记住，当你在与潜意识打交道时，你是在与全知全能的力量打交道。是力量使世界运动，是宇宙空间的力量使各个星系运动。这个力量就是万能的上帝。没有任何事物能与上帝对立。意识就是上帝。无条件的意识叫作觉悟，这就是“我是”，上帝的永存的精神。你的意识是你的显意识和潜意识的结合体，是你全部的赞同、信念、观点、信仰，那就是上帝，那就是你知道的惟一的上帝。

你的思想和感情创造了你的命运。如果你认为你“穷”，你就会总是受穷，如果你认为你“富有”，你就会富有。意识是上帝，因为它是你生活中惟一的创造性力量。你的思想和情感是你所有精力的源泉。如果你讨论内心的源泉，那么，什么创造了一切？是你自己的思想和情感，你的意识和潜意识。不管你的意识和潜意识达成什么一致意见，心和脑都会实现它，无论是非善恶。你是作出选择的那个人，你塑造并形成你自己的命运。你对上帝的信仰就是你的命运。你应该信仰上帝在人世的仁慈、上帝的指引、上帝的美以及荣光。那是上帝存在的地方。

上帝是你自己的思想和情感。不管是什么样的经历，在我们的潜意识中总有对等的模式。总有一个根源，那个根源当然就在我们心里。

有个人告诉我，生活中，他想获得成功、想得到晋升。事实上，他没有获得成功,也没有得到晋升,因为他的潜意识中有失败的模式。他心里怀着一种负罪感,感到自己应该受到惩罚。是的,他也有意识地卖力工作。他在理智上也对自己说,"我工作很努力",但是,他在内心深处,得到的是失败的指令,习惯于失败的想法。他有一种无价值感,还有一种强迫自己失败的感觉。他心里是一幅失败的情景。他感到自己应该受到惩罚,感到自己有罪。

你看,意识的法则,是强迫性的。这就是我提到的那种力量。那就是全能的力量,是上帝的力量。他意识到自己是为赢而生的,为成功而生的,为胜利而生的。他学着重新规划自己的意识。因为无限力量就在他内心,无限力量不知道什么是失败,无限力量是无所不能的,无限力量创造了一切。没有任何事情能与它对抗,挑战它,挫败它,损害它,因为它是全能的,它是惟一的力量。

此外,他也知道他正在惩罚自己。每天的早晚,他开始宣称真理,即下面的内容。现在,他把这些内容记在他的潜意识中:"我是为赢而生的。我是为我所祈祷的生活、与人们的和谐关系、我选择的工作以及我生活的各个阶段中的成功而生的。因为无限上帝就在我的内心,无限上帝不会失败。全能上帝的力量是通过我而发展的。全能上帝的力量就是我的活力、我的力量、我的智慧。"然后他说:"成功属于我,和谐属于我,财富属于我,美属于我,上帝之爱属于我,富裕属于我。"他重述并宣称这些真理,仔细思考这些真理。在路上开车的时候,他也提醒自己这些真理,在去见客户之前,他也提醒自己这些真理。他定期地、系统地宣扬这些真理,从不否定自己所声称的。

渐渐地，他获得了巨大的成功。因为他通过重复提醒自己、宣称这些真理，将这些理念铭刻在生活的肯定方面，将这些真理灌注到潜意识中了。当你定期地、系统地申述这些真理的时候，奇迹就会在你的生活中发生。

当你出生的时候，没有人告诉你怎样吮吸母乳。有一种只存在于你头脑中的智慧指导着你，引领着你。是的，《圣经》上讲过：我将会把我的法则写在你的内心；我将把它们写在你的心里。我将是你的上帝，你将成为我的子民。所以，上帝的一切力量都在你的内心。上帝的法则和真理就写在你自己的主观意识里。当你出生时、当你酣然入睡时，所有的生命器官都受到控制。每天晚上，同样的智慧支配着你身体所有的生命器官：你的呼气、你的吸气、你血液的循环、你的消化、你的心跳，等等，所有一切。

那就是你内心的上帝的存在。上帝的存在和力量在你的内心。伟大的永恒真理就在那里。在你降生之前，它们已经铭刻在你的内心。但是，我们从出生时就要进行规划。很多人用恐惧、错误信念、禁忌、责难和迷信进行了规划。正如新时代思想的先驱菲尼斯·P·昆比在1847年曾说过："每个孩子都像是一块小小的、洁白的写字板。每个人都过来在写字板上涂涂抹抹：祖母、祖父、牧师、母亲、父亲、兄弟姐妹。"

人们将大量的所见所闻、信念、观点、清规戒律、担忧、怀疑一股脑儿地抛到我们身上。你根本不是带着担忧来到这个世界上的，你不是带着任何偏见来到这个世界上的，你也不是带着宗教信条或任何关于上帝或生活的错误或怪诞的概念来的。你从哪里得到的这些东西呢？有人告诉你的。有人规划了你的意识，可能是消极地规划了你的意识：很多人被告知他们是愤怒的上帝掌管的罪人。

我曾经和那些漂亮的、迷人的、受过良好教育的妇女谈过话。她们穿着黑长筒袜。她们认为，用口红或者任何化妆品或者穿金戴银都是一种罪过。哦，那是可怕的罪孽。打牌——牌就是魔鬼。或者看电影，这一切都是罪过。你看她们的时候，她们灰心丧气、低沉忧郁、压制本性、心灰意冷。我告诉她们，醒醒吧，为上帝而穿着打扮。宇宙中没有什么是罪恶的。整个世界早就存在了，在你出生的时候就已经存在了。所有的鸟儿都在为你歌唱，世界上所有的动物也都在这里，所有的星星都在天空，让你艳羡，让你崇拜，让你愉悦。

所以，我告诉她们："你是为跳舞而来到世上的。所以去学跳舞吧，因为宇宙就是上帝的舞蹈。"我告诉她们去学习，学习高尔夫课程，学习演奏音乐，学习去做你没做的一切事情。演奏音乐，上大学，在公共场合做演讲，与人交往。走出去，去选西班牙语课程，或者其他事情。学一项技能或者修一门专业，挣钱等等，都可以。你来到世上是为过美满幸福的生活，你生活在一个客观的世界上，所以，尽情地去娱乐，去玩耍，去嬉戏，去创造，去表达你自己。当然，你来到世上也是为了沉思默想的，为了祈祷的。

我们生活在一个主观和客观并存的世界中。宇宙中没有任何东西是罪恶的。上帝宣称一切皆好。因此，跳舞、打牌或诸如此类的事情中，没有任何事情是邪恶的。去看电影，看建设性的电影。诸如此类的事情没有邪恶。事情本身没有好坏之分，只是思想使事情有了好坏之别。

于是，我向她们做出解释。我说："你们垂头丧气，表现得很病态，你们过得不快乐。"我告诉她们如何吸引异性走进她们的生活。我说："你应当结婚。你们应当有爱。"每个女人都想被爱，被宠，被欣赏。她们喜欢得到关注。她们想体会那种被需要、被依赖的感觉。如果谁说她不想，那她就不健全。每个女人都想。然后她们学到了一条简单的法则。她们走出去，做所有这些事情。

我告诉她们："你们被洗脑了。有人用消极的、破坏性的方式规划了你们的潜意识。对你们来说，上帝的意志就是更大的快乐、幸福、友爱和安宁的内在衡量尺度。"她们学会了吸引的法则。你会看到，现在她们有些人打扮得漂漂亮亮的去戏院，她们也化妆了。她们戴着漂亮的戒指——有时候是结婚戒指。哦，不错。她们改变了，她们重新规划了自己的意识。

我小的时候，有人告诉我，如果小孩子在六七岁前一直被灌输某一种宗教信仰，那就没有人能够再改变。当然，可以改变，但是很困难。孩子当然被洗脑了。你看，他们指的是否定的状况。小的时候，我们可塑性很强，很容易受到影响、很容易被教化。我们容易受到暗示的影响，因为没有判断力去拒绝，拒绝消极暗示。我们接受了太多关于上帝、生活和宇宙的虚假理念和错误概念。

你从哪里获得你的信条或者宗教信仰呢？毫无疑问，你不是生而带有这些信条或者信仰的。这些信条或信仰可靠吗？有道理吗？不合逻辑吗？没有道理吗？不科学吗？如果是不科学的、不合逻辑的、不合情理的，就不可能可靠。例如，有个叫帕特（Pat）的人，总认为有人洗牌时作弊，欺负他。我猜测，可能是有算命先生告诉他的。事实上并没有人算计他，对他不利。宇宙是向着他的，但是他偏就热衷这个说法，信这回事。他的潜意识接受了这一说法。

他的错误信仰在他心里产生了争执。他认为人们都与他作对，不幸就会跟随着他，某种厄运总跟随他。他给自己制造了这样的法则。这一法则控制着他，支配着他。他的潜意识被假设、信仰、信念支配并控制了他所有的意识行动。

大卫·希伯瑞（David Seabury）博士告诉我，有个人有点跛，至少在某种程度上是瘸的。他受的教育很少或没受什么教育。作为一个试验和暗示，大卫假装根据他头型和手上线条的轮廓所预示的心理能力和性格特点，来分析他的潜力。希伯瑞告诉这个人，就是半瘸的那个人："你命中注定会成为一个福音传道者，一个伟大的传教士。上帝打算让你去传教，你将以一种令人惊异的、出色的方式传教。"这个人在小教堂里变得非常主动，成为了一个出类拔萃的传教士。他接受了上帝授予他伟大的牧师的信念。上帝根据他的信念是什么，就赠予他什么，就这么简单。

只有一个力量、一个存在。你的思想和情感是你所有经验的起源。你怎样规划你的潜意识？创造性力量只有一个。你知道所有真理中最伟大的是什么吗？“听着，哦，伊斯雷尔，主，你们的上帝，是惟一的上帝、惟一的主。”“伊斯雷尔”在这个语境中不是局限于某一具体的宗教或者人民，它指的是所有知道上帝是万能上帝的人，知道上帝是君主并拥有至高无上的权力的人。他们将所有的忠诚、虔敬和忠心奉献给内心那个惟一的力量或者永生的精神。他没有赐予宇宙中的任何创造物、任何男人、任何女人、任何孩子以力量。

你的主或者耶稣是你的观念、信仰或你的信念的统治力量。那就是你的主。假设你信仰慈爱的上帝，假设你的信仰主导了你的心，那么你确实信仰它。它是惟一的存在和力量，它占统治地位，它是至高无上的。为此你奉献了所有的忠诚、虔敬和忠心，因为那是你的主、你的耶稣，你将会过着一种令人着迷的生活。

在英国，有些人认为，每到十一月份，他们就容易得类风湿性关节炎。他们认为这是天气、气候变化等等引起的。而且，他们当然也这么相信了。他们规划了自己的潜意识，可以说，他们是期待着得关节炎。根据对关节炎所持有的信念或者期待，所以，每年十一月家里都有个得关节炎的人，好像成了一条规律。然而，家里的其他成员，住在同一套房子里，吃着同样的饭菜，同一父母所生，在同一农场干活，根本没得关节炎。因为他相信健康，相信长寿。另外有些人认为夜晚的空气容易使他们着凉，或者，如果办公室里有人打喷嚏，他们就会伤风感冒。根据他们的这一信念，他们就会患伤风感冒。办公室里的其他人根本就没伤风或者感冒。有些人脚一湿，就说，“我要得重感冒了。我现在就感冒了”。当然，水分子只是 H_2O，水从来没说过我让你感冒、让你伤风，或者别的什么。

这些都是信念或消极的条件作用。空气是无毒无味的。夜晚的空气也是无毒无味的。空气就是氢气、氮气、氧气和一些其他气体，它是无害的。水是氢和氧。他们认为水或者空气是致病的根源。你的信念就是你的主或者你的领导者。领导者可以有很多，但是主只有一个，主是所有事物的创始者，一切事物的统治者。在办公室里打喷嚏，并不意味着你要感冒或者有细菌要攻击你，别人也根本不会患感冒。但是，如果你就这么认为，那你自己就带来了感冒。你会将感冒归因于办公室里或空气中的细菌。别人都没有感冒。有些人成天坐在电扇底下，他们也没有因为穿堂风而生病或者得了斜颈。如果你坚持这么认为的话，你就会得斜颈。电扇只是使分子在空间中快速运动。如此而已。

你自己建构了打喷嚏或者电扇或者空气或水的一套法则。然后说你现在生病是因为空气对流，或者你感冒了，或者你脖子疼得厉害等等，将矛头指向电扇或者夜晚的空气或者别的。你将矛头指向这些事情，然后说你的信念得到了确证。但是别人会否定你的信念，嘲笑你的信念。所以，你只是自己给自己制定了法则。因为如果是法则的话，世界上坐在电扇底下的人都会患斜颈，那么每个坐在电扇底下的人都会接受这条法则的。它根本不是一条法则；是你为你自己制定的法则。空气或水是绝对无毒的、无害的。

别再给自己制定法则了。就像有个人制定了法则说，他对红玫瑰过敏。和他谈话时，我发现，多年前和他相处的一位姑娘过去总是戴着一朵红玫瑰。她跟另一个男人跑了。他从来没有放下她，也没有原谅她。憎恨就在他的潜意识中潜滋暗长。所以，他看到别的姑娘戴着红玫瑰就愤怒得牙根痒痒。不是那个女孩，不是红玫瑰，而是他潜意识中的毒素在作祟。他应当很高兴地说，我祝福那个姑娘健康、幸福、平安，并因为她找到了梦想中的人而欢欣鼓舞，上帝与她同在。然后他就会做正确的事情，他因为红玫瑰而嫉恨姑娘是很自私的，因为他只求保佑自己。

你为别人祈祷，就是在为你自己祈祷。外部环境除了通过你的潜意识之外没有任何力量。你的意识是你的有意识思想和无意识思想的结合。你的有意识思想能作出选择。例如，酗酒者反复暗示自己的缺点、失败、自卑和颓废。过不了多长时间，当他继续用这些消极思想暗示自己时，他会继续喝酒以助长自己的勇气。这样做就是在否定内心的神授性、否定内心的全能上帝。一段时间之后，通过一而再再而三的消极性暗示，他就失去了选择的能力。他是一个强迫型的酗酒者，是个酒鬼。在他有选择能力前，他能说“哦，我喝一两瓶，就不喝了”。现在他没有选择能力了。他丧失了选择能力，因为潜意识是世界上惟一能说“愿意”的力量，而且说什么就是什么。

所以，他一直在拒绝惟一的神灵和力量。通过重复，他将这些消极性暗示植入了自己的内心深处。当然，他能够改变。有时候他被称为强迫酗酒者，当然也有强迫型的赌徒，还有强迫自己吃东西的人，等等。这些都是由于在内心深处一遍遍重复消极性暗示的结果。他说“我不再喝酒了”，他可能会对着《圣经》发誓再也不喝酒了。但是这么做徒劳无益，简直就是一个笑话，一场闹剧。因为他自己想象着并设想在酒吧里的情景。实际上，他在潜意识深处写下了或铭刻下了酗酒的理念。他被迫出去喝酒买醉。

潜意识是根据我们的习惯性思维和想象来作出相应的反应的。种瓜得瓜，种豆得豆。我们留给潜意识的印象是什么，就会有什么样的表现。如果给电脑或者实验输入错误的数据，当然它就会给我们输出错误的答案。我们要给潜意识输入富于生命活力的模式。

让我们来看看萨莉的故事吧。她成了一个酒徒，对她来说，克服酒精上瘾很不容易。当然，她是确实想戒酒，并作出了明确的决定。当她戒酒的愿望大于她继续喝酒的愿望时，她已经有百分之七十五的戒酒的可能性了。然后，全能的上帝的力量会支持她，代表她开始行动。

所以，她首先作出了一个决定。她宣称，从现在起，清醒和内心的安宁已经属于自己了：“我宣布，我说话算数，我是绝对真诚的，这是不能撤回的宣言。”然后她想象着做自己喜欢做的事情。例如，如果她是一位辩护律师，她想象自己回到法庭为案件的当事人辩护，或者是坐在精良的红木桌子后面与当事人谈话。她在审视现在，计划未来。她打扮得精致优雅，穿戴得时尚干练，她正在与法官交谈。她回到家里和家人在一起等等。她正在进入角色，扮演自己要成为的那种人。当出现饮酒的欲望时，她脑中闪现的是回到家里和家人在一起，或者是回到办公室，为委托人的案件作辩护的情景。

现在，她正在成为想要成为的那个人，全能上帝的力量支持她。她不断地想象着自由、想象内心的宁静、想象清醒状态；她不断地考虑这些；她开始感觉到想象带来的欢乐和奇迹，想象自己回到家里做自己喜欢做的事情的情景，于是想象的力量便通过思想、心情、情景发挥作用，直至变成事实。

就像一粒种子，它在内心深处消亡，同时它又作为祈祷应答的结果而生根发芽。所以，萨莉能够克服自己的酒瘾，方法就是重新规划她的潜意识，使之和谐、健康、清醒、安宁。全能的上帝的力量会支持她，清除已铭刻在她潜意识里的消极思想；她自由了。当然她原谅了自己曾抱有的那些消极思想。她也原谅了其他人，她将所有的爱、和平、善意倾注到周围所有的人身上。你原谅他人的时候你总是会明白的，因为你会遇到你心中的那个人，而且已经不会心存芥蒂了。为什么？因为你已经倾诉了友爱、善意、和谐，并祝愿那个人得到一切祝福和保佑。

我们所有人来到世上都是为成长、学习、释放内心被禁锢的光辉。但是，我们并不是生来就能将所有的才能充分发挥出来，不是的，发挥不出来。你来到世上要学习，要磨砺你的心理和精神，使它们变敏锐。欢乐就在征服之中，欢乐就在掌握之中。我们生活在一个二元对立的世界里。有人告诉我们：今日就可以选择你所要侍奉的。你不是动物,你不是机器人。你有选择的自由,你有意志,你有主动性。这就是你发现自己的神授性的方法。普天之下,再无他法。你不是被迫去学好,你并非只受本能控制。因此,你有机会变得受人尊敬。你知道,你会拥有你想要的一切。

在你面前,我为你把持着一扇任何人都不会关闭的门。想想那些真实的、可爱的、高贵的、神圣的事情吧。心里整天都装着这些事情,你就可以重新调节你的思想。你可以设想你正在做你渴望做的事情,因为你所到达的地方就是你视域所及的地方,你的视域就是你之所见所想,你致力于其上的目标。当你继续将心思集中在可爱的、具有美好声誉的事情上时,你的内心深处就会作出回应,你就会在这缕光线的照耀下被迫向前。因为全能的上帝会为了你而展现活力。比如,当沿着公路驾车行驶时,你可以重述一些伟大的真理,你可以说:"只有一个力量、一个存在、一个源泉,那就是无限的爱、无限的智慧和绝对的和谐。它正向我走来,穿过我并围绕在我周围。"你在驾车行驶的时候、吃午饭的时候、在街上散步的时候,或者坐下来吃晚饭的时候,都可以这样默念。你可以做所有这些美妙的事情。你可以反复默念这些真理,提醒你自己这些伟大的真理。

所以要选择有益于身心健康的、正确的行为。将爱、和平、善意传播给每一个人,早上、中午、晚上都反复默念这些真理。最后,这些真理就会沉入到你的潜意识,你在潜意识中留下的印象就会出现。勤奋地默念这些真理你就会获得内心的安宁。一定要确保除了神圣的思想和理念进入你的内心深处外,别无他物。反复倾听这些古老的真理，直到在你的潜意识中形成信念。倾听绝对真理："我就是"，别无他者。只有一个力量、一个存在、一个源泉、一个神灵。

一旦这样的理念铭刻在你内心深处，它就会具有强迫性，你就会被迫采取有益于身心健康的、正确的行动。有些人是自觉自愿接受指导，他们自己反反复复默念："无限智慧指导着我。不管我做什么都是正确的，正确的行为属于我。"不论早晨、中午，还是夜晚，他们都反复申述这些真理。因为存在着正确行为的原则，存在着指导性原则，他们在宇宙的或无限的立场上激活了这个原则。他们很多人确有点物成金的迈达斯（Midas，传说中的弗里吉亚国王，酒神狄俄尼索斯赐给他一种力量，使他能够把他用手触摸的任何东西变成金子）的力量，他们所碰触的东西都会变成金子。

你知道，神恩是潜意识对你的有意识思维和想象的自动回应。"因为你与我同在，我不惧怕任何邪恶。你有魔棒和权杖，它们让我感到安慰。主是我的光明，是我的拯救者，我有什么好惧怕的呢？主是我生活中的力量。我还会惧怕什么呢？"这是多么美妙的真理啊！当你驾车在路上行驶的时候，重述这些奇迹般的真理吧！

多年前，在飞机上有位拉比（犹太的法学博士或在犹太法律、仪式及传统方面受过训练的人，并被任命主持犹太教集会；尤指在犹太教堂中作为主要神职的人员，或者犹太学者、法师、有资格解释犹太法律的学者）告诉我，他小的时候，所有的小孩子都要读《申命记》（《圣经》旧约中的一卷），他们要记住下面的内容：

你要全身心地热爱耶和华你的神，我今日所吩咐你的话都要记在心上，也要殷勤训导你的儿女。无论你坐在家里，行在路上，躺下，起来，都要谈论。也要系在手上为记号，戴在额上为经文。又要写在你房屋的门框上，你的城门上。你要敬畏耶和华你的神，侍奉他，指着他的名起誓。不可随从别的神，即你们周围国民的神。因为在你们中间的耶和华你的神是忌邪的神，惟恐耶和华你的神的怒气向你发作，把你从地上除灭。

在《圣经》里，嫉妒意味着你不必知道另外的力量，你不必向任何创造物效忠。你一定要认识到只有一个力量——上帝的力量。

那么，这一真理背后的理念就是，你在内心一定要抱有坚定的信念。你应当热爱你的神。爱是效忠，是忠心。你不可以知道其他神，这意味着只给予一个上帝、一个政权以力量。你要拒绝给予世界上任何事物或者任何男人、女人、孩子、太阳、月亮、星星或者任何创造之物以力量。你给予了他们力量的那刻，就是你失去上帝的时刻。因为，主，就像我所告诉你的，是一个忌邪的神。"忌邪"在这个意义上就是你不能随从别的神，你只能侍奉一个神灵，并效忠该神灵。

有些人戴着护身符、驱邪符或者咒符，例如十字架、圣徒的徽章、佛像或其他宗教象征符号，以不断地提醒自己上帝的存在。但是，你不需要戴护身符、驱邪符或者咒符、佛像。主要的就是要你将这些真理吸收到你的灵魂中去。因为，你看，在你的思想中，你与上帝是同步的。你可以与上帝即时交流，意识到上帝就是你的引导者，一直就在你的身体里。你可以提醒自己：我的上帝会根据自己的财富和光荣赐予我所需要的一切。你的力量就存在于安宁和自信中。记住，要将真理吸收到你的内心，而不是你的脑壳里。

在让苹果成为你的血液并参与血液循环之前，你必须先吃掉它；同样，你必须吸收并消化这些真理。重复不会赢得上帝的耳朵，但是你吸收、消化、融入到灵魂中的却会赢得上帝的耳朵。因此，当你重复、发展并反复宣传这些真理，提醒自己这些真理，让这些真理进入你的灵魂深处，并定时地、逐渐地、反反复复宣称这些真理的时候，你就会开始相信，只有一个上帝的力量，并会确信只有一个上帝的力量。在你心里，你内心的"我是"是惟一存在的上帝，将会成为哲学上的绝对存在，成为所有思想和存在的最终基础。它是无限力量，无穷智慧。它是失落之语，不能为任何人所描述。

摩西(《旧约》中希伯来人的先知和立法者，曾率领以色列人逃出埃及)告诉你，因为河而过河或者因为空气而进入空气是没有用的。语词就在你的嘴边，这是伟大的真理：我主将会根据他的财富和光荣赐给你之所需。

于安静与自信中蕴含着你的力量。上帝慷慨地赐予我们供我们享受的一切。和上帝在一起，一切皆有可能。

在他们开口要求前，我将会回答；在他们还没有说话前，我将会听到。根据你的信任，将会满足你之所求。如果你能相信，一切皆有可能。他求告我，我必应允他；他在患难中，我必与他同在；我必拯救他，使他得尊荣。我会使他满意，让他感受我的救助，并让他长寿。如果思想准备好了，那么一切都会准备好。耶和华是我的光明，是我的救世主。我还怕谁呢？耶和华是我性命的保障，我还惧怕谁呢？我会抬起眼睛，凝望山冈，我的主就从山冈那边来。向主要求，他将赐予你所需求的；去寻找，你将会找到；敲响他的门，他将为你打开门。

这首赞美诗告诉你，你将会收到你所要求的。如果你敲响上帝之门，上帝就会为你打开门，你会找到你一直在寻找的。这一教义表明了心理法则和精神法则的确定性。总存在着直接的回应，来自你潜意识的无限智慧对你有意识思想的回应。因此，你能够建设性地、和谐地、心平气和地规划你的潜意识。如果你要求面包，你不会收到石头。如果你准备得到，你首先要信任。你的思想从你之所想转向你之所取。除非你的心里首先存在着一个不会变更的形象，因为这样的话，才不会转向其他事物。

你的祈祷就是你的心理行为，在来自你潜意识的力量在你心里起作用并产生力量之前，你必须在心里将它作为一个形象来接受。你必须在你心里达成一个协议，接受它，无条件地接受它，无可置辩地接受它。在预知你的某一愿望实现时，这一祈祷应当伴随着喜悦感、安宁感。

正确地规划你艺术与科学的潜意识的可靠基础在于你的知识、你的绝对信心。要懂得并相信你有意识的运动会获得你潜意识肯定的回应。你的潜意识是无穷无尽的智慧和无限的力量。形成理念最容易最明显的方法是将它形象化。用你心灵的眼睛去察看它，就像它是客观存在着的一样。用肉眼你可能只会看到于外部世界已经存在的东西。同样，你能在心目中想象的已经在你看不见的心灵王国里存在了。你在心里想象的任何形象都是你所希望的事物的实质，以及看不见的事物的显示。你的想象和你身体的任何部分一样都是真实的。你的理念和你的思想都是真实的，如果你对你的心理意象有信心，它们终有一天将会出现在你的物质世界里。

思考的过程形成了你心里的印象。反过来，这些印象在你的生活中就像事实和经历一样清晰可见。建造者使他设想的建筑模型具体化，当他盼望着模型完成的时候，他看到了具体的建筑物。他的想象和思考过程变成了一个塑料模型，他的建筑物正是从模型中产生的：美丽的或者不那么美丽的建筑物，一座摩天大楼或者低矮的茅屋。他将心理想象物画在图纸上的时候，建筑物就已经投射出来了。

最后，工程承包人和工人收集基本的建筑材料，建筑工程开始进展，直到完成，与建筑师心里的模式完美吻合。

你能利用可视化的技巧建立你的潜意识。如果你所爱的人病了，那么让思想的车轮平静下来，然后想象你所爱的人健康如初。你所爱的人将会向你诉说上帝的奇迹发生了；生活中从没有过这样好的感觉。你看到了他眼睛里的光芒，你看到你爱的人笑了。你在医院里看不到他们，但是你看到他们正在家里做着自己喜欢做的事情，容光焕发、幸福洋溢、自由自在。你在心里建立了这一理念，那就是祈祷。注意，视觉意象胜过千言万语。

威廉·詹姆士（William James），美国哲学家与心理学家。他和查尔斯·桑德斯·皮尔士一起创立了实用主义。在宗教哲学方面也颇有建树。他列举了许多不同的“信仰的实践”（1902 年），并使用他的实用主义的看法来体会这些不同的实践。他是“美国心灵学研究会”（1885 年成立）的主要创立者，终其一生都在探讨超个人的心理现象与超心理学，认为人的精神生活有不能以生物学概念加以解释的地方，可透过某些现象来领会某种“超越性价值”；并强调人有巨大的潜能尚待开发，人的意识只有很少一部分为人所利用。他曾参与类似禅坐的静坐活动，表明静坐是一种唤起深度意志力的方法，可以增加个人的活力与生命力。詹姆士也做灵媒的实证研究，是美国心理学之父。他强调说潜意识将会实现任何视觉意象，只要你心里抱定这个想法，并对它有信心。按照你想要成为的形象那样去行动。设想自己成为你想成为的形象，在心里扮演那个角色，反反复复地去做，它就会逐渐沉入到你的内心深处，奇迹就会发生，就像你祈祷的那样。

现在我们注意，我们要经过王道之路（King's Highway）。我们既不向左转也不向右转。你的道路就是上帝的道路，所有上帝的道路都是悦人心意的，所有上帝之路都是安宁和平的。将你自己置于上帝的指导下。你要意识到上帝正在指导你。在你的生活中，就存在着正确的行动。圣灵走在你前面，让你一路走得平坦正直、欢欣无比、壮丽辉煌。从现在起，你的公路就是古老的成功之路。这是佛陀的中间道路，是耶稣笔直而狭窄的大门，是通往圣地麦加之路。你的公路是王道之路。因为你就是你所有的思想、所有感受和所有感情的国王。发送爱的信息吧。爱的信息就是上帝的信息。爱的信息是什么？上帝之爱的信息、和平的信息、光明的信息、美的信息，今天以及从此之后的每一天都会来到你的面前，让你面前的道路平坦、美丽、欢乐、幸福。沿着王道前行吧，那样，不管你去哪里，都会收到上帝和平的信息、欢乐的信息。经过山巅之路，你会知道你的双眼始终注视着上帝，你的路上没有邪恶。当你开车、乘火车、乘汽车、乘飞机或者步行的时候，请注意，上帝的力量总萦绕在你周围。这是上帝看不见的庇佑。你从一个地方到另一个地方，自由地、快乐地行走，并充满热爱感激之情。主的精神指引着你，为你打开所有的通往你心中的上帝的路。

你对上帝会降临的信念是强大的、万能的。知道你所居留其中的精神氛围会降临，使你的未来平安、美好、欢乐、幸福、繁荣。要懂得，上帝之爱充满了你的灵魂，上帝的安宁注满了你的心灵。请注意，你心中的上帝正在指导你，上帝的光明照亮你前行的道路。知道存在着完美的供求法则，你所需要的一切触手可及，在各个方面你都有神授的指导。你正以一种极其美妙的方式施展你的才华，那就是：我将以一种崭新的方式引领盲者，我将引领他们踏上未知之路。

小结

为了弄清你如何通过潜意识的力量去创造财富，理解这一现象是如何运作的至关重要。

我们很多人小的时候都受到过消极性条件的制约。小的时候，我们都具有很强的可塑性，都容易受到暗示的影响，所以必须采取措施来逆转这些错误的暗示，将之变为积极思想。

有一种方法能规划你的潜意识。每天早晨，你可以心平气和地、安静地、放松地坐下来，宣称如下真理："神授法则和秩序支配我的生活。神授的正确行动是至高无上的光荣行动。神授的成功是我的成功，神授和谐就是我的和谐，神授和平充满着我的灵魂，神授之爱浸润着我的整个存在，神授富裕就是我的富裕。今天神授之爱降临到我的面前，自此之后的每一天，神授之爱都会降临到我面前。我将一路拥有正直、欢乐、荣光。"

你的思想和情感创造了你的命运。如果你认为你"穷"，你就会总是受穷，如果你认为你"发达"，你就会发达。

潜意识是根据我们的习惯性思维和想象做出相应反应的。种瓜得瓜，种豆得豆。我们留给潜意识的印象是什么，就会有什么样的表现。如果给电脑或者实验输入错误的数据，当然它就会给我们输出错误的答案。我们要给潜意识输入富于生命活力的模式。

你的力量就存在于安宁和自信中。记住，要将真理吸收到你的内心，而不是你的脑壳里。

威廉·詹姆士强调说潜意识将会实现任何视觉意象，只要你心里抱定这个想法，并对它有信心。按照我的内心去行动，那就是我。按照你想成为的形象去行动，在心里扮演那个角色，反反复复地去做。它就会逐渐沉入到你的内心深处，奇迹就会发生，就像你祈祷的那样。

第四章　决心的奇妙力量

所有成功人士都具有一个显著的性格特点，那就是，他们作决定时当机立断，对待决定能持之以恒。有一位德高望重的实业家曾经告诉我，在他 50 年的经历中，他和工商业界形形色色的人打过无数交道。他发现，那些失败的人有一个共同之处，那就是他们在作决定时犹豫不决、举棋不定、优柔寡断、瞻前顾后。而且，即使他们确实作出决定，在行动中也不能一如既往、持之以恒。

下定决心和作出选择的能力是一个人最重要的品质和最高的特权。人类的选择能力和选择什么显示了上帝所赋予我们的创造性能力。

一位年轻姑娘曾经向我倾诉，她感到很孤独、很困惑和强烈的挫败感，因为她拿不定主意是否要结婚。你能想象得出吗？她妈妈独断专横，反对每一个她感兴趣的人。这位年轻姑娘失去了所有作决定的主动性和权力，这导致了她的孤独、挫败、痛苦和受束缚感。换言之，她将自己置于一个被囚禁的境地。

在我的建议下，她开始自己作出一个又一个的决定。而这之前，所有的决定都是她妈妈替她做的。她决定自己买衣服，给自己弄一套公寓；她没有征求任何人的意见，决定按照她自己想要的方式把房子粉刷一下，买上家具；她还决定开始跳舞、游泳、打高尔夫球。她养成了自己作决定的习惯。她没有和母亲及其他任何人商量，只是遵从内心的呼唤，决定和一位很优秀的年轻人结婚。她发现，开始作决定永远为时不晚，并能过上自己所希望的惬意生活。

记住，通过作出符合逻辑的决定并让这些决定保持不变，整理混乱的思绪或混乱的事件永远不会为时过晚。

贝蒂·L(Betty L)对于自己应当干什么犹豫不决。她26岁了，住在父母的房子里，有一份很体面的工作，收入所得也足够她自己花的。但是她却说："我太痛苦了，很不幸福。我想搬到自己的公寓里，但是我父母不让。他们甚至连我想要重新装饰自己的房间都不让。全家人都说我错了。我犹豫不定，难道上帝不想让我幸福吗？"

当然，她应当过自己的生活。不存在所谓的优柔寡断、缺乏决心之类的事情。她已经作出了决定——她的决定就是不作决定。那些害怕作决定或者害怕作出选择的人实际上是拒绝承认自己具有神圣的作出决定的能力。

我告诉她，她有幸拥有自己的头脑，作出独立的、愉快的、有利的决定完全在于她自己，而不在于其他任何人。她必须有意识地接受这一点，潜意识才会通过给她行动的动机而作出反应。

于是她立刻作出了决定。她搬了家，开辟了一个完全崭新的世界。几个月之后，她写信告诉我，起先全家人都很生气，但是现在认可她的独立性了。“在我一生中，这是第一次自己作出决定。我很激动，很兴奋。我几乎不敢相信。”

有一天，我与一位德高望重的药剂师谈话。他提到了自己的生活与工作、专业上的困难以及随之而来的混乱。所有这些经常弄得他很难作出决定。但是，他已经掌握了自己认为的理想的作出正确决定的方法以及所要做的正确事情。他说他最喜欢的《圣经》引文是：“保持安宁，知道自己就是上帝。”这句话引自《旧约》中的《诗篇》第 46 首。然后他又补充道：“我潜心凝神，心中想着上帝、无限智慧就居留于我的内心，我将所有的注意力都集中在我内心无限存在的上帝身上。我想象着上帝在回应我，这样我的身心都得到彻底放松，彻底释放。我能感受到自己被爱和无限上帝之光包围着，我也能感受到自己沉浸在上帝的安宁和静谧中。我的内心，像水晶一样纯净透明，上帝的回应快速地闪入我的大脑。对于当时的场合来说，这些回应总是正确的。”这位药剂师想出了绝妙的方法来接受上帝对他的疑难问题的回应，并和内心的无限力量一起作出正确的决定。

托马斯·卡莱尔（Thomas Carlisle）曾经说过："沉默是一种元素，伟大的事情都是在这种元素中形成的。"这是我指导千千万万的人作决定的祈祷词。他们不仅获得了奇妙的结果，并且在决定中受到庇佑：

无论我想知道什么，都会从我内心的无限存在来到我面前。无限智慧通过我而起作用，向我揭示我需要知道的一切。我用理念、言词和行为把爱、和平和善良的愿望传播给人类。我知道我所传播出去的会一千倍一万倍地回报我。我心中的上帝知道答案。现在，上帝已经让我明白了那个圆满的应答，因为上帝是永恒的。现在拯救灵魂的时日到了，现在是能够接受拯救的时日。神授智慧中的无限智力通过我作出了各种各样的决定，在我的生活中只有正确的行动和正确的决定。我自己将沐浴在无限上帝的爱之海洋里，我知道，神授决定现在停泊在我的内心。我处于和平安宁中。我走在光明里，我对惟一存在的力量满怀着敬仰、信心和信任。我感激进入我的意识、我的理性头脑的引领者。我不会错过。上帝以一种和平而不是混乱的姿态指点我。谢谢你，上帝，谢谢你的回应。

这是一个美妙的祈祷。成千上万的人这样祈祷。不管你想干什么或说什么，或者作什么样的决定，静静地坐下来，大声宣称这些真理，我刚刚阐述的真理。宣称这些真理的时候，要缓慢、安静、虔诚、充满真挚感情。用一种放松的、平静的心情宣称三次，你就会感受到来自上帝的力量，你就会感受到灵魂深处的平静，并由此知道你想知道的。有时候，应答到来时是一种必然发生的内在情感、一种敏锐的直觉、一种自发的念头。它清清楚楚地从你的心底涌现出来，就像面包的香味从面包机里飘溢出来一样。凭着直觉，你会认出正确的应答、要作的正确决定。你可以借助于创造性的、智慧的祈祷作出正确的决定。祈祷时你还会注意到存在着与你呼应的无限智慧。当你拜访上帝，上帝就会回应你。你要求，就会得到回应。去寻找，你就会找到。敲响上帝之门，上帝之门就会为你打开。如果你祈祷的是面包，你绝不会收到石头。就是说，你所得到的是你要求的理念的具体化。

当你使用“逻辑”这一术语的时候，你的意思是你的判断是合乎情理的、正确的、有效的、建立在宇宙中的理性原则之上的，或者判断的方式是一致的、可推论的。那么，对你来说，想好事也是符合逻辑的，因为只有好事才是有原则可遵循的。心善念善，言善行善。想着邪恶的事情却期待美好的事情是不符合逻辑的，就像种子，或者理念，它们的生长都是各从其类，种瓜得瓜，种豆得豆。这是一个心理和精神的宇宙，心理法则总是至高无上的。逻辑决定总是建立在无限智慧之上，无限智慧引导各大行星按照轨迹运行，让阳光普照。

多年来，洛杉矶百货商店里的一位女销售员对股票市场很感兴趣，并成功地投资过。这位女士在夜校学了一些必修课，她取得了去证券公司从业的资格。可她虽然参加了很多次面试，却都没有被录用，就像她自己说过的，是性别的原因。她告诉我：“他们就是不想录用妇女。”我建议她作出决定，大胆地宣称：“现在我正在一家正直、公正、拥有一流收入的证券公司工作。”

我向她解释说，在她内心作出决定、并坚守决定的那一刻，她的潜意识就会做出反应，通过向她揭示实现理想的完美计划而为她打开一条通路。我告诉她要遵循来自意识、来自理性思想的指引，这样，她就不会错过机会。

当然，结果很有趣。她有一个强烈的愿望，于是她在当地一家报纸上登广告，说自己打算工作两个月，不收任何报酬，同时还表示自己有一个很广的人脉关系网，他们都是潜在的顾客。有三家公司马上给她提供了职位，她接受了其中一家公司。这个事例表明，你必须要对你作决定的能力有信心。当你作出明确的决定时，要对你的潜意识力量有信心，奇迹就会在你的生活中发生，所有的挫败都会烟消云散。

那些害怕作决定的人或者害怕作出选择的人实际上是拒绝承认自己的神授性，因为，无限的上帝存在于我们所有人的内心。选择作决定是你的神授性和宇宙权利。你能决定健康、愉快、发达、成功，因为你支配着自己的世界。你的潜意识服从来自于你意识的命令，不管什么命令都会实现。不管一个人在潜意识中种下了什么，他都会有收获。他会在头脑中的荧屏上收获形式、功能、经验和事件。

你的潜意识法则不会独独偏爱哪一个，它同任何一条自然法则一样，不会有自己的专宠。把你的手放在热炉子上是不合逻辑的。如果你放了,你就会自食其果;从高层楼顶上跳下来也是不合逻辑的,因为万有引力定律是不徇私情的,它也不是在报复你;认为二加二等于五是不符合逻辑的。背离自然法则、宇宙不可更改的规则、事物本来的属性等等都是愚蠢的。偷盗是不合逻辑的,因为你正在使自己更加贫穷。你给自己招致了匮乏和局限,给你的生活带来了更多的痛苦。

有个人曾经对我说:“我不知该干什么,我不知道什么是合情合理的或符合逻辑的,我不会作决定。”我向他解释说,他实际上已经作决定了,他已经决定不作决定了。这不是很愚蠢吗?那不是不符合逻辑、不合情理、不科学的吗?当然是。他已经决定不作决定,这意味着他已经决定采纳来自大多数人的想法、普通人的规则,我们都沉浸在这种观点中。这种观点是非常消极的。如果他决定不作决定,那些散乱的思想就会为他作出决定,因为他拒绝管理自己的思想。

如果你拒绝作决定,那你打算让环境和条件为你作决定吗?或者是让你岳母替你作决定?让你岳父替你作决定?或者是其他准备为你作决定的局外人?如果你不为自己作决定,那么可能别人的想法就会进入你心里,或者大多数人的想法都会进入你心里。因为如果你不选择自己的想法,那么大众思想或普通人的规则就会为你选择某种想法。如果你的思想中有恐惧、担忧、焦虑,那么你根本就没有思考。是大众思想或者普通规则,或者种族思想在你脑子里替你思考。

真正的思考是没有恐惧、没有焦虑的。你就像一位工程师,要从原则性、永远的事实和永恒的真理的角度出发去考虑问题，所以你的想法是建设性的。你思考的问题是直线型的。

所以，这个人开始意识到自己不思考、不辩论、不推断，而让同类人的普通法则、大众思想来替自己作决定有多么的愚蠢。这种做法很消极，因为大众思想充满着恐惧、充满着仇恨、充满着猜忌和嫉妒。其中有些好的东西，但大部分是非常消极的。他们相信悲剧、相信各种各样的不幸。

确实，对于天堂来说，如果你自己不去思考，别人就会替你思考，那也不会很好。如果你不选择自己的感情，谁会替你选择呢？

所以，这个人改变了态度，并积极地肯定：

我相信自己的力量，我相信自己的能力，我相信自己心理和精神过程的完整性。我问我自己：如果我是上帝，我会作什么样的决定呢？我知道我的动机是正确的，我的愿望是做正确的事情。我所有的决定都是建立在这一事实上：无限智慧的上帝通过我作出一切决定，因此，我的决定一定是正确的行动。

根据这个祈祷词，这个人作出了所有与业务、专业以及家庭有关的决定。他现在过着无限风光、无比滋润的生活。他比以前更健康了，办事效率更高了，也更有爱心，更善解人意了，在各个方面也更加兴旺发达。上帝的无限力量会支持你所有的决定。你是个具有自我意识的个体，你有能力作出决定。让别人给你作决定或者说“我让上帝替我作决定”是错误的。因为你这么说的时候，就表明上帝存在于你自身之外，上帝高居于天空的某个地方。上帝或无限智慧的惟一存在方式就是通过你自身——通过你自己的思想、通过你自己的想象、通过你自己的决定来为你效劳。上帝来为你做一切事情。上帝创造了你、创造了宇宙。他赐予了你拥有显意识和潜意识的头脑。上帝把自己赐予了你。无限的或至高无上的智慧就是无所不在的上帝,上帝就在你的内心深处,在你的潜意识里。

你来到这个世界上就是要利用你的潜意识。你通过自己的思想与潜意识联系着,所以无限智慧的上帝会为你效劳。上帝会通过你、通过你自己的思想而为你效劳。对万能的上帝来说,为了能在个人层面上发挥作用,他必须成为独立的个体。万能的上帝除了通过个体行动之外,什么都不会做。因此,为了行动,上帝必须成为个体。

你来到这个世界上就是要作出选择的。你有意志,你有主动性。这就是为什么你成为独立个体的原因。现在接受你的神授性、你的责任,为你自己作决定吧。别人不会懂得更好。一旦你拒绝替自己作决定,实际上就是拒绝了上帝的神性。那样你会从软弱和自卑的角度思考问题。承认你的上帝神性。你是一个有选择能力、有意志的独立存在。你是为选择而来到这个世界上的。选择这一天你要成为什么样的人,选择一切正确的事情,选择一切可爱的事情,选择一切公正的事情,选择一切纯洁的事情,选择一切诚实的事情,选择一切有美好声名的事情。总而言之,选择这些思想,去决定你内心崇拜并热衷的事情,并且坚守这些选择。

一个经常酗酒的人告诉我，曾经有个人用枪指着他的太阳穴告诉他，如果他在自己面前喝威士忌，就会被打穿脑袋。他说："我不喝不行，忍不住。喝酒是不由自主的，我才不管他是否打死我呢。"不错，这番话表明，他想喝酒的力量是巨大的。无限上帝的力量都赶不上喝酒的力量。只有一个上帝的力量。这就是说，无限上帝的力量落后于喝酒的决心。他实际上是根据自己的决定来行动的。他随后逆转了这一决定。根据我的建议，他严肃地表达了十分钟的决心："我在脑中作出一个明确的决定，我的决定就是我要摆脱这该死的酒了。通过上帝无限的力量，支持我这一决定的无限力量，我彻底自由了。现在，我内心安宁，头脑清醒，我感谢无限的上帝。"

五年来，这个人没有再接触任何酒精类饮料，现在已经彻底改掉酗酒的恶习，脱胎换骨，重新做人了。当他作出戒酒的决定时，就已经打算坚持自己的决定。这个力量不是在酒瓶子里的，而是在他的内心，在他自身。所以说，上帝的无限力量就是你的决心的后盾。因此，现在，你要选择成为什么样的人。

上帝是无限的，上帝的力量在无限的空间中。上帝不能被放大或缩小。《圣经》上说："我创造了光，我创造了黑暗，我创造了和平，我创造了罪恶。我，你的主，创造了这一切。"

《圣经》引文戏剧性地描述并清楚地展现了惟一的上帝的力量。上帝的力量可以给你带来光明，这意味着当你有意识地呼唤上帝的时候，无限智慧就会将任何问题都阐明清楚。你所需要的只是在心中作出一个明确的决定。当你说“我受到了彻底阻碍；我被阻挡住了，没有出路了”时，你就为自己制造了黑暗，这是非常愚蠢的决定，因为无限上帝知道你的出路在哪里，只有上帝知道答案。你有意识地宣告没有出路，受到阻碍，没有希望等等，就意味着你所宣告的就是你的决定了。遗憾的是，这是一个错误的决定。这样的决定是不符合逻辑的、不合情理的、不科学的，这样做可谓愚昧无知。有意识的宣告意味着你采取了这种心理态度，你的弦外之音就是“无限智慧不知道出路在哪里”。这样一来，根据你的决定，你就生活在因你的无知和对法则的误用所产生的无边黑暗和混乱中，或者失败就因此成为你正确的决定。

通过在心理上凝神静思所有真实的、可爱的、高贵的、庄严的事情，你就创造了和平。进行消极、邪恶、破坏性的思考，你就在生活经历中制造了罪恶。换言之，问一问你自己这个问题：我是怎样使用上帝的力量的？我作出了一个什么样的决定？决定就是根据具体事情的性质来建设性地、和谐地使用上帝的力量，这样的决定可以称为行动中的上帝。一旦决定与上帝的力量相反，即破坏性地、否定性地使用了上帝的力量，那就是人们所说的魔鬼撒旦、恶魔、痛苦、苦难、劳苦、疼痛，等等。你的内心有一种绝妙的力量，你要学会使用这种力量。

去年我采访了一位先生，之前一段时间他刚破产，又得了溃疡和高血压。就像他自己说的，“日子过得一塌糊涂”。他认为灾祸像咒语一样追着他。上帝在惩罚他过去的罪孽，所以让他受尽磨难，现在他是在品尝自己种下的恶果。这些想法都是他头脑中产生的错误意识。

我向他解释说，只要他相信厄运跟着他，他就会受苦，简单的原因就是人的信念都以经历、条件和事件为形式。我告诉他，他要作出明确的决定，在头脑里作明确的决定：只有一个上帝的力量，上帝的力量发展为团结、和谐、和平、爱。生活中有了这种信念，病痛才会得到治愈，元气才会恢复。

因此，他坚定地作出这个决定，默念如下箴言：

只有一个造物主，一个存在，一个力量。这个力量就像我的头脑和精神一样深居我的内心。这个存在就是和谐、健康、和平，它穿越我的内心。我站在无限智慧的角度去思考、去说话、去行动。我知道这种思想就是具体事物。我感受什么就会带来什么，我想象什么就会成为什么。我不断地默想这些真理，我知道奇迹正在我的生活中发生。

他就这样大声地祈祷，每天祈祷五六遍。一个月之后，他恢复了健康，一个如日方升的公司邀请他做合作伙伴。他的生活大为改观。于是，他作出决定：只有一个上帝的力量，这个力量发展为团结、和谐、健康、和平。这个力量没有分歧，没有纷争，没有任何力量来抗衡、阻碍、损害、干预上帝的力量。他所产生的新思想、作出的新决定成为了他的主人，让他去表现生活的种种财富。

一位妇女来拜访我，愁苦写在她的脸上，她一副心烦意乱的样子。这位妇女在一家企业中投资了一大笔钱,协议上说,到一定的期限她还要付一笔额外的费用。

随着时间日益临近,她意识到,她筹不出钱,这样的话她所有的投资都会损失掉。她已经在自己的能力范围内竭尽全力了,她采取了所有合乎情理的、正确的措施,来兑现自己的承诺。她本打算向自己的财务恐慌低头,但是对上帝的坚定信念又使她再次坚强起来。于是她作出了明确的决定,拒绝与此事有关的任何可怕的、破坏性的想法。她制定了一个简单的祈祷词:"我知道无限全能的上帝是知道问题的答案的,他会给我指路的。感谢上帝指引我走向光明之路。"

她告诉我:"我坚持这样祈祷,祈祷就像我的生活依靠一样。几天之后我把祈祷词背下来了,能重述下来——默默地、静静地陈述,我自己一个人的时候甚至能唱出来。"

不久,她注意到,这种恐慌感和绝望感减弱了。即使外界没有任何变化,事情没有任何进展,她也感到心静如水。她说终于不再为投资的事情惴惴不安了,她感到全身心轻松愉快。她知道她的祈祷有了回应。

就在这时,一位同事告诉她,有个朋友手里有一笔巨款,想搞投资,一直在寻找门路。原来,她在寻找的也一直在寻找着她。这种情况实属常见,就像人们寻找工作职位或生意机会一样。

理念就是我们的主人。我们作出什么样的决定,决定就怎样对待我们。尊敬并热爱你心里的神授理念吧,等待你祈祷的时候将会发生的奇迹。你的内心有绝妙的力量。现在就开始发挥这份力量的作用吧，这是无所不能的上帝的力量，是惟一的居留在我们内心深处的力量。作决定的时候，宣称“是”，对所有能够治愈、保佑、鼓舞、提升、荣耀我们心灵的理念和真理宣称“是”。对那些消极的想法，对那些慢慢地给你的大脑灌输恐惧，从而拖垮你、让你产生疑虑的想法，要明确地、肯定地、绝对地宣称“不”，拒绝所有那些与上帝圣殿格格不入的建议。

对以下几个词作出决定。对健康、幸福、和平、繁荣富强的生活说“是”，对疾病、不幸、苦难、贫穷说“不”。拒绝否定性想法，拒绝任何不能让你的心灵充满欢乐喜悦的建议或想法，拒绝任何不能给你自信和信心的建议。不要把今天的事情拖到明天去做，这是一条古语、老格言、老警语。拖延就是浪费时间。是的，如果你拖拖拉拉、犹犹豫豫，想着：“我干什么呢？什么时候作决定呢？可能是下周。”这样，你就会变得神经兮兮、灰心丧气、闷闷不乐，你自己就被禁锢住了。

如果你的动机对你有好处，如果你的动机看起来是好的，那就立刻作决定吧。立刻去做，远胜于什么也不做。“因为一个人在心里想着什么样的形象，他就是什么样的人。”心是你的潜意识，你的情感和感受的家园。因此，不管你脑子里思考的或想象的是什么，你的情感性质（你内心的精神上帝）就开始通过那个母体或模式流动起来。你的思想和情感创造了你的命运。你的思想和情感创造了你生活模式中的一切，并塑造了你的命运。不管你想什么、感受什么真实的东西，都会实现。你现在就要作决定，要当机立断，千万别犹豫不决。

有个人告诉我，他获得了两个职位邀请。两个职位看起来都不错。有个人要两点钟给他打电话，他想知道该怎样回话。他说："我对两个职位没有特别的倾向。两份工作都不错，没有什么大差别。"我说："两点钟那个人打电话的时候，你的动机是好的，你心里没有更进一步的动机了。它看上去不错，你就大声说不错。不管你对他说什么——当他打电话的时候你心里的第一想法——不管你说什么，是或者否，都是正确的。"他说"是"。我说："如果你动机是正确的，事情看上去就不错，你到底还害怕什么呢？"正确的行动有其原则，错误的行动没有原则。因此，你说好，它就会变好，所以你要说好。

汤姆·莫纳汉（Tom Monaghan）就勇敢地作出了决定。他创造了达美乐披萨饼，并在30年的时间里，使披萨饼从一个店铺的独立小店发展到有几千家宅急送的连锁店。1989年，莫纳汉决定将他经营得非常成功的公司卖掉，以便能专注投身慈善事业。

然而，他的计划没有开展下去。两年半之后，购买达美乐连锁店的那家公司几乎使它破产，于是莫纳汉作出了一个艰难的决定：将自己已选择的慈善活动暂时先放在一边，挽救达美乐公司。

莫纳汉付出了大量艰辛的劳动和毅力。他首先重建和扩大组织。莫纳汉在早年生活中培养了作出必要决定的能力。他克服了童年时期的匮乏、贫困、陋习，成为了一个了不起的实业家。现在，他又施展出了浑身解数，不仅使达美乐回到最初的突出地位，而且将它扩展到6000家连锁店，其中有1100家不是在美国本土，而是在别的国家。

当连锁店东山再起时，莫纳汉面对的是一个新的甚至更为严峻的挑战。达美乐公司决定将主要的推广手段建立在保证快速送货上，他们要确保顾客在30分钟内能收到披萨。

这一决定导致了一系列的诉讼案。达美乐送货司机为在30分钟期限内送货，导致了多起交通事故的发生，人们声称因达美乐抢时间的做法而受伤。据称，一位妇女在印第安纳州达美乐司机肇事的事故中丧生，获赔300万美元。达美乐最后一次受到重创是另一位妇女获赔7800万美元。此事发生后，达美乐放弃了30分钟内送货的保证。

尽管面临严峻的财政危机，莫纳汉也决不放弃。他仍然干劲十足，着手给公司投入更多资金、时间和精力，使公司再次起死回生。凭借他坚忍不拔的毅力和积极的态度，他又向前迈进了一步，跨上了一个台阶，并以必胜的信念来激励他的团队，使达美乐公司成为实业界当之无愧的头号。

几年前，我在旅馆与一位先生谈话。他已经90岁高龄了，拄着拐杖。我们谈了很长时间，他说："你不知道，我60岁的时候，想周游世界，想带我妻子周游世界。我推迟了这个计划。因为我想等到女儿长大了或结婚了再去。现在我妻子去世了，而我，因为患关节炎，腿瘸了，所以永远不能实现和妻子一起周游世界的梦想了。"他推迟了计划。他没能给自己或妻子带来同游世界的欢乐。

他拒绝作出决定，他推迟决定，直到后来，他女儿长大结婚，这一切都成了没有意义的空言。你的好事就在眼前，你不必等待任何事情，你现在就要立即着手行动。因为周游世界和你女儿结婚没有关系，或者它本身就是一个单独的事件——根本没什么瓜葛，但是它和你有关系。下定决心吧，作出一个明确的决定。如果你的动机是正确的，那个决定就是正确的。这是上帝的旨意，马上行动！

现在就下定决心，不然你想让你的亲戚给你作决定吗？让条件或环境逼迫你作出决定吗？

祈祷并声称无限的智慧正在指引你，接受你内心的指导原则，声称正确的行动。在你的内心有个指导原则，除非你使用该原则，否则它就和不存在没有什么区别。你的第一个直觉性的冲动往往就是正确的答案。

那是你的理念，是你内心存在的潜意识。那就是科学家、考古学家、古生物学家、内科医师找到答案的地方。答案来自你的内心深处，但是你要绞尽脑汁，付出心力，是不是？

作出决定要消耗精力。工程师要为学到工程知识付出精力，化学家要付出精力，医生要付出精力。如果他做了 6 个小时的手术，他的独创性、他的技能、他的知识、他的信心、他的自信都是要消耗精力的。你有时也因为爱而付出精力，不是吗？因此，你必须要作出一个决定。你要付出，你作出决定的时候，就是付出了精力。这样你就可以摆脱挫败、迷茫、愤怒和痛苦了。

当你祈祷指引，想作出决定的时候，就宣称：

无限智慧正在引领着我。我的生活中有正确的行动。在我生活、运动、存在的地方有使我相形见绌的上帝的存在。它为我打开了一扇门,我遵循着它清晰明确的指引。现在,我仔细思考自己的内心深处,我能坚持自己选择的事业。

然后,你想到的第一个念头、第一个主意、你内心闪现的第一件事情,就是你要寻找的答案。它来自你的内心深处,它是闪进你脑中的第一个念头。你不用与它争论或者与你的亲戚讨论。否则,你脑子里可能会一下子突然涌出二十个想法。第一个念头是内心的感触,是内心与神灵的默契。

有时候,在夜晚,当你入睡之际,试试下面的话:

无限智慧启示给我答案;默示给我正确的决定。当我早晨醒来的时候,我的第一个想法就是答案。

然后等待你早晨醒来的第一个想法。但是别在地板上走来走去,考虑这个事情。答案会来找你的。生活中,你要宣称上帝的神授法则和秩序,宣称你生活中神授的正确行为。神授法则和秩序意味着和谐、美、爱、和平、富裕在你的潜意识中运作,而不是人类的法则、信条、教义和传统在你的潜意识中运作。它也意味着你正在最高层次上表现自己。你正在以一种非常美妙的方式释放你的才能,你的才能与你的正直和诚实一致。它还意味着你会获得奇迹般的、美妙的补偿。比如你想要用钱时,手头却没有足够的钱,你该知道,这笔钱就应当是存在于某个地方的,因为它本就该在循环中。当你想做你有能力要做的事情时,你就是真正地富有。这就是神授法则和秩序。当然,如果你需要一辆新车而买不起时,那不是神授法则和秩序,那一定是存在着某些错误的事情。

所以,你要相信正确的行动,因为正确行动存在着某种原则。但是,错误行动没有原则可言。所以,当你听到有人说“可能我做错事情了”时,为什么不能改变观点,相信存在着正确行动的原则呢?正确行动的原则就像你汽车的轮胎必须是圆的一样。如果轮胎不是圆的,你就会因此而丧生。宣称有全能的上帝庇护你。这就是正确的行动。“我要畅谈上帝。上帝是我的避难所,是我的信念堡垒。上帝,我信仰的上帝!”难道这不是美妙的指引和正确行动的祈祷吗?“我存在于静谧之所。”那是你自己的心灵,是你行走并与上帝交谈的地方。“我居住在全能上帝的影子里,我向上帝祷告:上帝是我的避难所,是我的信念堡垒。上帝,我信仰上帝,他用羽翼庇护我,在他的羽翼下能乐享安宁。”

那么,你为什么还要担心或者害怕做正确的事情呢?不要惧怕,因为你有指导性原则的引领。有人告诉你,天使正在注视着你。天使就是智力、智慧,就是你内心涌现的创造性观点。所以,你被引导,你被指引着做正确的事情,因为最高级的和最好的都开始向你移动。将上帝放在你生活中的首要位置,上帝是至高无上的智慧,它赐予了你心跳,它支配着一切生命器官。上帝关切地注视着你,上帝的意图就是治愈你,让你复元。

今日就选择你要成为什么样的人;选择和谐;选择正确的行动;选择你生活中的美,选择富裕,选择安全。选择这些事情,因为更高层次的自我就是上帝，万能的力量将代表你的利益，向前发展，所向披靡。但是你必须求助于上帝，用你的理智而不是你的情感作出决定。

有个人对老板很窝火。哦，是的，他一肚子的苦水、敌意。所以他说他把老板臭骂了一通，一气之下辞职了。他又找了一份工作，并对我说："在这个工作中，我比在上一个工作中遇到的麻烦事儿还要多。"你看，他在愤怒、憎恨、敌意这些不良情绪的基础上作出了决定。这些情绪使他失去了自制力。你要根据真实判断、根据智慧、根据理解力去作决定。理智地行动，研究一下利弊，理智一点，合理一点。他意识到他的决定是错误的。你要根据切合实际的合理性来作决定，作推论。事情看起来合情合理吗？符合逻辑吗？把事实都摆在一起，找到你能找到的所有数据，尝试根据客观情况去解决问题，这才是你应该做的。不要用心理强迫，不要受外力影响，不要咬紧牙关，不要握紧拳头发狠，也不要说"我必须在一定的时间内找到答案"，或者"法官一定会在4月15日给我作出决定"。凡此种种，都是荒唐可笑的。

做一切事情都要客观、冷静，要有耐心、有自信。如果没有明确指示的答案，那么，只要你感觉良好，对你来说情况看起来不错，投资也好，还是别的什么也好，那就着手去做，并且做好它。一定要记住，如果你的动机是正确的，你在祈祷指引，祈祷正确的行动。只要事情看起来不错，就义无反顾地干下去，并大声说事情不错，为什么还要踌躇不定呢？

为什么要犹豫不决、瞻前顾后呢？为什么变得神经兮兮的？为什么灰心丧气呢？作出决定，马上作出决定。当有人给你打电话说“我必须现在得到答案”时，你脑中已经有了清晰明确的印象。因为你一直在这样祈祷，在思考，所以不管你说什么都是正确的。

清空头脑中所有的先入之见。一次，有个人问我：“你认为我作的决定是正确的吗？”“嗯，”我说，“是根据黄金规则和爱的法则作出的决定吗？”他听后脸红了。“如此说来，”我说，“你已经回答了你自己的问题。”如果你的决定是欺骗、蒙蔽，或者是诈骗，在这种情况下，不管你作出什么决定，都是错误的，因为伤害别人就是伤害你自己。所以，要看你的决定是否建立在黄金规则和爱的法则上。爱就是像祝愿自己一样祝愿别人。如果你爱别人，就会喜欢看到他们成为自己所希望成为的，就会喜欢看到他们表现所有他们渴望表现的。

我与一群四五十岁的妇女谈话时发现，这些妇女，一切都由她们的母亲替她们做主。你让别人替你做主，就是将你自己的主动性、你的经历、你自己的神授性拱手让与他人，因为普遍存在的上帝就在你的内心。你们就是诸神灵；你们全部都是至高无上的上帝之子。所以，你们来到世上就是作出选择的，就是作出决定的，就是塑造和创造自己的命运的。学会作决定吧。当你在七八岁后，你应当在某种程度上学会作决定，当然是在成人的监督之下。但是，当你 18 岁的时候，你当然应该作出自己的决定，从家里搬出来，建立你自己的公寓，卷起袖子，准备行动，忙碌起来。学会作决定，是的，学会训练你的主动性。

有个人说：“当我迷茫、困惑的时候，我就很真诚地祈祷。我迟疑不决的时候，就抛硬币。但是我知道任何行动都比没有行动强，所以我作出决定。”

如果你正在去往旧金山的路上，你走错了方向，有人拦住你，说：“往右拐，那才是正确的方向。”你发现确实走错了。但现在你走对了，不是吗？每个人都会犯错误。你上学的时候，没少犯错吧？这就是为什么铅笔的一头总是带着橡皮的原因。每个人，包括父母，都知道你会经常犯错误。所以，当你继续作决定的时候，你会感到自己有了新的热情，新的兴奋感。

事情并不总是处于你的掌控之中。环境不能产生环境，条件也不会产生条件。在你的外部没有任何力量，你不能给创造物施加力量，你不能给现实世界施加力量。你要给你自身的造物主、至高无上的智慧以力量。要避免非决定性因素，因为非决定性因素耽误了很多祈祷。

有人问：“我祈祷财富正确吗？”这话多么荒唐，多么可笑啊！“我祈祷成功正确吗？可能上帝不想让我成功。”这样的论调可谓愚蠢透顶，这是很愚昧的价值观，愚蠢得笔墨难以描述。“上帝想让我唱歌吗？”是的，如果上帝赐予你声音，他就想让你唱歌。歌唱的能力就在你自身。如果你能唱歌，歌唱的能力就在你的内心，开始纵情歌唱吧。你不用等着上帝唱歌，上帝通过你来歌唱。上帝是惟一的存在和力量。如果你有画画的愿望，那就开始纵情泼墨，做一个丹青妙手吧。如果你热爱动物等诸如此类的事物，或者如果你想成为化学家或者音乐家或者诸如此类的人，那就义无反顾地去行动，遵照你心中的指引，直情径行。

有人说："我祈祷一辆车，这对吗？"车是什么？车是上帝脑子里的一个念头，这就是一辆车的全部。车是上帝的精神在显现。在你的门外，上帝的表现形式就是一辆车。除了上帝之外，它不是别的。上帝就是精神，草也是上帝，你身上穿的衣服也是上帝。上帝和商品是同一的，商品就是上帝精神的外显形式，树上的苹果就是上帝精神的外显形式。只有一个上帝精神，一切都是在内心生成的，从内心创造出来的。物质世界是精神的外显形式，你所接触到的一切都是上帝精神的外显形式。

在面对"对我来说，这是正确的吗？"等这样的问题时，你不妨问问："我结婚是对的吗？"就足以证明这样的问题有多么荒唐。这样的问题是建立在迷信、无知、恐惧之上的，这么问就像失去决定能力和力量一样。如果你祈祷指引或是运用高层次的祈祷形式，你就会走出你的概念误区。因为当你赞同的时候，你更高层次的自我就会教化你，就会引领你至所有的真理。试着说："现在上帝正在指引我，引领我至所有真理。"这样宣称你就作出了非凡的决定。一定要有明确的目标，宣告你的目的。就像在所有的生意中一样，你的所得将会被你的债务给抵消。你的祈祷是在你信仰的层面上得到回应的，你的意识是你的显意识和无意识相结合的产物。如果你祈祷繁荣、成功、成就、胜利，那么你要作出决定，说："现在，发达属于我了，我要变富有了。当我需要做我想做的事情时，我将拥有所有我需要的财富去做我想做的事情。”你的潜意识将会回应，回应也将经由你目前心理状态的过滤。抬高你的眼界，你会到达你的视域所及之处。

在世界上有很多地方，生意人都会把价格定得很高。顾客来了，像他们预想的一样，开始讨价还价，他们开始妥协，把价钱降了一些，但是他们依旧赢利。

如果你祈祷繁荣、成功、成就，但是同时你却嫉妒别人，嫉妒他们的提升，他们的家产、成就，他们的百万身家，那么那种否定情绪、愤恨、眼红、嫉妒就会阻挡你的好事，抑制你的发展，当然，就会妨碍你自己青云直上。

德国皇帝腓特烈大帝（Fredrick the Great）收集了很多钱币。至少，他的总管收集了很多钱币。他说：“我们收集的这些钱币结果会流向何处呢？”一个炎热的天气里，他的内阁成员都围着桌子坐着。桌子上有一碗冰块，有些已经化成水了。有个人拿起一小块冰，传了一圈，等传到腓特烈大帝手里时，只剩很小的一块了。他说：“陛下，这就是答案。”不错，确实如此。所以，如果你看不起自己，或者你眼红别人、嫉妒别人，你就在抑制像海洋一样无限的财富向你奔涌而去。因此，祝愿每个人得到你自己所希望得到的，因为爱是令人愉快的法则，爱是亲善。

种种心理上的消极因素——后悔、悔恨、憎恨、愤怒、悭吝、指望外部因素、给人与环境和条件施加外力——都会减少无限上帝的财富。要奉献你所有的忠诚，积极地投入。让你的期待成为上帝的期待，因为上帝赐予了我们生命、呼吸、所有一切。遵从它！作出这样的决定，求助于源泉。然后，当你求助于源泉的时候，作出决定："从内心深处我希望世界上的每一个人都拥有无限上帝的财富：健康、幸福、和平以及一切美好生活的福祉。"然后等待活力和各种财富源源不断地流向你。

有很多人受到了不同方式的抑制。他们自轻自贱，内心充满着悔恨、愤怒、吝啬以及诸如此类的东西。有这样的心理态度，甚至连治愈都谈不到，又如何能够发达起来呢！你看，真正的成功是一种精神发展。所以，不要吹毛求疵地批评，因为那样会减少你遇到的好事的质量。

不管你什么时候作出决定，请不要忘记，不管是好是坏，全能的上帝的力量都在支持你。这是神性的决定。在你的内心存在着强大的理智的力量，存在着生活的原则，它知道怎样保护自我，它就在你的内心，它能治愈你手指的切伤。如果你说"我想在早晨三点钟醒来"，它就会按时叫醒你。不管你房间里有没有表，不管是刮着狂风还是下着暴雨，或者是钟表停了。无限智慧就驻守在你的内心，它支配着你所有的生命器官、你的呼吸。它允许你获得治愈并使你恢复健康。无限上帝不会惩罚你，生活不会惩罚你，无上的精神不会惩罚你，法则不会惩罚你。我们通过否定的、破坏性的思维以及误用法则来惩罚我们自己。

所以请不要作出不合逻辑的决定。学会简单的真理，我们只是在使用无限上帝的力量来与自己对抗。你就是永生的上帝的圣殿，上帝的王国就驻扎在你的内心。因此，无限智慧和无限力量的上帝就驻扎在你的内心。假若你是上帝，你会作出何种决定？你会作出正确行动的决定、和谐的决定、和平的决定、爱的决定、善意的决定，不是吗？你会站在无限的中心、无限力量的立场上思考、言说、行动。你不会从一些老的神学家的角度、或者你祖母所讲的故事的角度，或者任何诸如此类性质的事情的角度来作任何决定。你会说："我的内心有一条指导性原则，我要根据那条指导性原则来作所有决定，这条原则是绝对和谐、绝对和平。"请牢记：不要否定你的神授性。

你的祖母不会是懂得最多的人。你想结婚的时候，作出决定说："无限智慧将我吸引至那个合适的人面前，我和他在各个方面都很默契。我内心深处涌动的情感将我们带到一起。"所以，相信无限存在的智慧。不要问你的母亲或祖母你是否应该和那个男人或女人结婚，因为问别人就是在否定你自己的神授性。问别人时，你就是在说："看，我不能选择。"事实上，你能选择。选择是你的特权。

有个人说："如果上帝想让我健康，就会治愈我。"当然，这么说有点亵渎神灵的意味。因为生命的趋势就是治愈和恢复。当你烧伤了自己，它就会尽量减少水肿，并及时给你更新皮肤和组织。你切伤了自己，就会形成凝血酶，在切口之间搭建一座桥梁，寻找治愈你的方法。同样，一旦细菌侵入你的身体，就会被杀死。

正如爱默生所说的，对所有人来说，都有一个同一的意识。你来到世上就是为作出选择的。你是上帝的一个器官，上帝在你出现的地方需要你；否则的话，你就不会在这里了。因此，你在世上就是再现无限上帝的一切。你可以作出任何决定，只要它是正常的、理性的、符合逻辑的、合乎情理的。因此，生命的意图、上帝的愿望，就是对生活、真理、爱和美的伟大的度量。所以那些“如果上帝愿意治愈我，他就会治愈我”的说法是愚蠢的，是极度的迷信。那简直就是一种亵渎，因为你正在说一个关于无限上帝的谎言，你正在散布无限存在的谎言。

多年来，我看到相互憎恨、相互厌恶的夫妻勉强地凑合在一起，没有离婚。他们说，他们这么做是为孩子考虑。孩子们生活在假象中，他们在貌似拥有健康的精神和情感气氛的家庭中长大，而后成了少年犯，他们一直带着病态的心理生活。因为他们成长的家庭弥漫着憎恨、厌恶、敌对和愤怒的气氛。这是一种非常有害的生活方式。赶快作出决定吧。请注意，打破谎言比活在谎言中更体面、更值得尊敬、更神圣。生活在谎言中，会荼毒你周围的人的灵魂，这么做是很可怕的。

有些人害怕作决定。有时是因为宗教原因，有时是因为政治原因，有时是因为经济原因。有些人宁愿得癌症、结核、关节炎，也不愿意打破谎言。很多人每天都决定做点什么，但结果根本没采取任何行动。现在，生活的一切力量都在你自身内部，它使你能现在就作出决定。生活在谎言中是不合逻辑的。

我看到人们作出合理的决定。他们说：“我会振作起来，去上帝那里。”他们说:“我不会再这样生活下去了。”婚姻成功、生意兴隆得需要双方的努力和配合。如果两个人做生意,一个人总是贪杯恋盏、辱骂顾客,那么,店铺就会被瓜分殆尽,当然就会破产。接下来就是解散合作关系,互道祝福,各奔前程。但是,这样的生活态度是不可取的,是错误的。正确的做法是履行黄金规则和爱的法则。

做你本分以内的事情,做你准备好要做的事情。你的内心有指导性原则,上帝想让你幸福。你来到世界上就是复制所有上帝的真理,你在世上就是赞美上帝,永远欣赏上帝。这应该是你的选择。你的选择应当是过上美满幸福的生活。上帝慷慨地赐予你一切可供你享用的东西,上帝让你富有。那么,为什么你还受穷呢?上帝创造了我们,所以我们才可能拥有生命,拥有更丰富的生命内涵。迄今为止,你一无所求;现在去祈祷你的欢乐,它该是圆满的。在上帝那里,存在着圆满的欢乐;在上帝那里,根本没有黑暗,生活的力量就在上帝那里。正如我以前说过的,上帝那里没有诸如优柔寡断这样的事情。上帝所拥有的,只有决定。所以,那些决定不作决定的人就会有大众思想替他们作决定。那样的生活将会是一团糟。因为大众头脑相信悲剧、混乱以及各种各样的不幸,其中有些思想是相当消极的。的确,你不想让这些否定因素进入你的头脑。如果你不作决定,每天早晨给你的心理和精神电池充上庄严的真理之电,谁会替你思考呢?谁会支配你的情感呢?谁会支配你的情绪呢?谁会选择你的情绪呢?

无限上帝的力量和智慧就在你的内心。你来到世上就是使用这些力量和智慧的。到湖边畅饮吧。去买甘醇芬芳的美酒，去买营养丰富的牛奶，无须付费，无须花销。你的代价就是对无限力量的信念，对无限智慧的认可。这就是一种假定，假定有无所不能的上帝。你的假定，正如丘吉尔所说的，“会被时间磨砺成事实”。

如果你高居于山顶，却在钓鱼，那么你就是迷失了方向。例如，你在山间溪流，遇到一位护林老人，你询问到：“我怎样才能回到主路上?”他一五一十地告诉你怎样回去。按照他的指点，你发现他的指引完全正确。你假定他说的是正确的，那他的话就成了事实。不是吗？同样，假定你的内心存在无限智慧的上帝，是他赐予了你心跳，赐予了你脸上的绒毛，赐予你消化食物的能力。当你酣然入梦的时候，是上帝在注视着你，当你睡觉前心里想着在某一个特定的时刻醒来的时候，是上帝叫醒了你。如果你想知道投资的情况，说：“无限智慧的上帝向我启示这一投资的答案。”上帝就会寻找治愈的方法。你可能会在早晨醒来，一份无需触动却依然稳固持久的感情潜滋暗长。那是神授的应答。

我与上百位女士谈过话。她们说：“我知道当我走向教堂和那个男人宣誓结婚的时候，我就不应该那么做。”那份久久徘徊在你心中的情愫就在你的内心深处，是某种直觉，是一种占支配地位的情感，生命准则在努力保护着你。但有人忽视了这一现象，他们拒绝这一准则。当然，他们只好一拍两散，以分离告终。按照生命准则行事吧，它是一种内心的触动感。

最近，我们团体的一名成员为在内华达州（Nevada）的投资而祈祷。他说："无限智慧的上帝正在引领我，并向我和我妻子揭示了有关这个投资中要做的正确事情。"他作出决定，认为存在着指导性的原则。事实上，没有"如果"，没有"但是"，也没有"并且"。然后，在根据这一决定采取行动之前，有一天，他半夜里做了个梦，梦到了他准备要投资的那家公司的领导人正在监狱里，周围都是狱警，还有一位狱警持枪站在门口。他惊醒了，接着他便知觉自己正在和骗子做交易。如果他投资了，就将会失去一切。

但是，你一定要作决定，你内心存在指导性原则，奇迹接下来就会在你的生活中出现。当你作出了你称之为艰难的决定时，或者你没能找到解决问题的方法时，马上开始建设性地去思考这一问题。如果你恐惧、焦虑，那你就没有真正地思考。真正的思考是没有恐惧的，真正的思考会让心灵宁静，让身体放松。告诉你的身体要放松，因为你的身体服从你。你的身体没有意愿，没有主动性，没有自我意识的智慧。你的身体是一个记录信念和印象的情感磁盘。动员你的注意力，将你的全部心思都放在解决问题的方法上。像侦探那样，用你的有意识头脑去解决问题。想想找到完美的解决方法你该是多么幸福！收集你能收集到的所有信息。现在就去感受一下获得完美答案时候的那种感受吧，让你的心灵轻轻松松地与你的情绪嬉戏。如果你想睡觉，那就把你思忖良久的答案暂且搁置一边，只管沉沉地睡去。如果醒来依然没有答案，那也不要着急，一头扎到别的事情上。可能当你一门心思地沉浸在别的事情时，答案就会自动找上门来，就像烤面包从面包机里弹出来一样。

接受来自你潜意识的指导，最简单的方法就是最好的方法。有个人丢了一枚价值不菲的戒指，那是件传家宝。他到处都找遍了，就是没有找到。晚上，他对潜意识说话，就像我对你说话这样。他是在睡觉前说的，对高层次的自我说的。他作出决定，认为在无限宇宙中没有丢失的东西。他对高层次的自我说："你无所不知，无所不晓，你是智慧的，你是无所不在的。你知道戒指在哪里，你现在正在启示我。"那就是召唤祈祷，你要作决定。这不是毫无意义的不经之谈。早上他醒来，突然听到有个声音回旋在耳边："问问罗伯特。"嗯，罗伯特是他的儿子。他问了罗伯特关于戒指的事情。罗伯特说："是的，我和小伙伴们在玩的时候，在院子里捡到了。我放在我房间里的桌子上了。我认为它不值什么钱，所以就没说。"

小结

下定决心和作出选择的能力是一个人最重要的品质。人类的选择能力和选择什么显示了我们的创造性能力。

当你使用"逻辑"这一术语的时候，你的意思是你的判断是合乎情理的、正确的、有效的、建立在宇宙中的理性原则之上的，或者判断的方式是一致的、可推论的。那么，对你来说，想好事也是符合逻辑的，因为只有好事才是有原则可遵循的。心善念善，言善行善。想着邪恶的事情却期待美好的事情是不符合逻辑的，就像种子，或者理念，它们的生长都是各从其类，种瓜得瓜，种豆得豆。

选择和作决定是你的神授性和宇宙权利。你能决定健康、愉快、发达、成功，因为你支配着你自己的世界。你的潜意识服从来自于你意识的命令，不管你命令什么都会被执行。

一旦你拒绝替自己作决定，实际上就是拒绝了你的神性，你从软弱和自卑的角度思考问题，就像奴隶和下属考虑问题那样。承认你的神性。你是一个有选择能力、有意志的独立存在。你是为选择而来到这个世界上的。选择一切正确的事情，选择一切可爱的事情，选择一切公正的事情，选择一切纯洁的事情，选择一切诚实的事情，选择一切有美好声名的事情。总而言之，选择这些思想，去决定你内心崇拜并热衷的事情，并且坚守这些选择。

当你祈祷指引，想作出决定的时候，就宣称："无限智慧正在引领着我。我的生活中有正确的行动。在我生活、运动、存在的地方有使我相形见绌的上帝的存在。它为我打开了一扇门，我遵循着那个清晰明确的指引。"

如果你祈祷繁荣、成功、成就，但是同时你却嫉妒别人，嫉妒他们的提升、他们的家产，或者他们的百万身家，那么那种否定情绪、愤恨、眼红、嫉妒就会阻挡你的好事，抑制你的发展，当然，就会妨碍你自己青云直上。

有些人害怕作决定。有时是因为宗教原因，有时是因为政治原因，有时是因为经济原因。有些人宁愿得癌症、结核、关节炎，也不愿意打破谎言。很多人每天都决定做点什么，但结果根本没采取任何行动。现在，生活的一切力量都在你自身内部，它使你现在就能做出决定。生活在谎言中是不合逻辑的。

第五章　训练有素的想象会产生奇迹

想象力是一切行动的开端。我们讨论的是训练有素的、受控制的、有指导的想象力。想象就是构思，就是给你的潜意识留下印象。凡是在潜意识中留下印象的东西就会在空间屏幕上表现为形式、功能、经验和事件。如果你希望成功，你必须先想象自己是成功的。如果你希望富有，你必须先想象自己富有。

受控制的想象力是人类最重要的先天能力，它具有投射思想并表达思想的力量，让思想在空间形式上清晰可见地呈现出来。人类是以精神觉醒的方式存在的，他们知道受约束的想象力的力量。随着年龄的增长，我们获得头脑法则的智慧和知识。年龄不是岁月的流逝，而是启迪智慧的开端。想象力是科学家、艺术家、物理学家、发明家、建筑学家和神秘主义者们所使用的锐利无比的工具。

当世人说“不可能，不能做”时，有想象力的人会说“能做”。想象力能够洞察现实的纵深之处，揭示自然的各种奥秘。

有一次，一位伟大的实业家告诉我，他如何从一个小店面开始自己的事业。他说：“过去，我常常梦想自己开一家大公司，在全国各地都开设分公司。”他又说，他定期地、系统地在心里想象那些雄伟的大厦、办公室、工厂和商店，因为他知道，通过思想炼金术似的神秘变化，他能够将编织的梦想变成现实。后来他发达了，为发展自己的梦想，他开始借助吸引力的普遍法则，来吸引所需要的观念、人员、朋友、金钱及一切事情，吸引它们到自己的身边来。就像一粒种子，虽然在地下消亡了，但是通过个人智慧，它从泥土中吸取自己生长壮大所需要的一切，将能量传递给自己的另一种生命形式。它钻出地面时，便通过光合作用，从空气和阳光的照射中汲取自己生长所必需的一切养料。

所以说，这个人真正地训练并培养了自己的想象力，接受了意识的存在模式，直到用形式将想象力表达出来。我特别喜欢他得出的一个见解：“想象自己成功和想象失败一样简单，但想象成功远比想象失败有趣。”

那些有想象力、有理想的人知道存在着与这些心理构想相对应的创造性力量。我们所持有的心理形象是在情感中发展的。智者认为，我们所有的感觉都是一种情感的更改。19 世纪的心理学家托马斯·特洛沃德法官(Judge Thomas Troward)曾经编写过头脑法则方面的课本,其独特程度让人无法效仿。他说:“情感就是法则,法则就是情感。情感是力量的基础。”为了获得这样的结果,我们必须用情感填充心理构想。

也许你在读这些文字的时候,你心里抱有要实现的梦想、理想、计划、目标,但是你的朋友、同事和其他人都告诉你,你无法实现,你甚至对你自己说:“你认为你是谁啊?你实现不了的,你见识太少,你没有合适的熟人和门路。”

哦,不,你有合适的熟人和门路。你的熟人和门路就是赐予你想法的、在你内心的上帝。上帝般的存在能通过上帝之爱、按照神授的秩序来实现你的理想。可能你脑子里产生的其他想法会嘲笑你的计划或者你的抱负,产生反对观念。要想对付这些反对观念,方法就是将你的注意力从感官证据和事情的外观上移开,饶有兴趣地将你的目的或者目标仔细想清楚。当你的心思忙于关注你的目的或目标时,你就是在使用头脑的创造性法则,你就会达到目的或实现目标。

将你的理想或愿望提升至意识的高度,激发你的理想或愿望的想象力,全心全意地投入到你的理想或愿望中去,赞扬它。为你的理想付出你的精力、你的爱、你的忠诚。一旦你坚持这么做时,所有的恐惧思想就会向你高尚的心态表示敬意,并给它让位,恐惧感就会彻底丧失存在的力量,从你的心里消失。你要通过想象力来想象最后的结果,这样你就能控制任何环境或者条件。如果你想实现任何希望、愿望、想法或计划，首先在心里构建一幅实现理想的心理图式，然后不断地想象你愿望实现了的情形，这样，你实际上就是在迫使自己去实现这些愿望。

你设想为真的东西已经在你心里的另一个维度中存在了。如果你对你的理想矢志不渝，将来有一天它就会客观化。你内心的造物主会将你留给意识的印象投射在可视屏上。

有一次，一位演员告诉我，在演艺生涯之初，他极为普通平庸。哦，他只是跑跑龙套而已，但是，他知道潜意识的强大力量。每天晚上他都想象扮演自己想扮演的角色的情景。每晚他都反反复复地练习 15 分钟，以激发内心的精神力量。这样，他在潜意识中创造了一种模式。由于潜意识具有强迫性，通过想象练习，他的扮演就达到了一定的专业高度。每天晚上他都会有规律地、系统地去进行 15 分钟的想象扮演，在脑子里过电影一样地进行练习。他就是一位想象家，是的，想象家。他看到自己大脑中创造了一位总理。他知道全能的上帝会支持他，他的理想终于实现了。你的想象力就在你面前。想象先于你的经验和实际表现。

一位功成名就的女演员告诉我，每天晚上，她都自己演一遍心理电影，戏剧性地表现一定的角色。每晚她用五六分钟的时间在想象中反复演电影，在想象中去体验所扮演的角色。她给了梦想一个有力的支撑。做白日梦很正常，但一定要给它一个坚实的基础。她在想象中过的电影给她带来了红利。

罗比·怀特(Robbie Wright)是我们电台的一位职员。最近他在改装高速赛车比赛中获奖了。他说，在比赛前他给自己进行了一番“心理武装”。他想象兄弟向他祝贺，他想象自己获胜了，朋友们向他道贺。比赛时，他感到至高无上的力量控制着他。大奖如期而至，超常力量对他心中的胜利、凯旋等等作出了反应。

经常失败的人容易产生失败的心理意象。哦，是的。你可以用两种方法来使用想象力。当然，任何才能都可以用两种方式来使用。患有慢性病并常喊疼痛的人往往有身体差、身体弱的想象。不管你在什么时候想象疾病或者是失败，你的潜意识都会产生相应的反应。据调查发现，很多经常失败的人心中都有失败的想象，潜意识会做出相应的反应。

要想象成功。你是为获胜、为成功而生的。酗酒者知道，如果他们利用意志力或者试图强迫自己戒酒，这会使他们变本加厉。心理胁迫、外力、意志力等等也都于事无补。但是，如果他们默念清醒和宁静，想象自己自由地回去工作了，干着自己喜欢干的事情，知道有个全能的力量在支持着自己的心理构想，那就会摆脱酗酒的习惯，最终得到治愈。

沃尔特·惠特曼(Walt Whitman)拥有非凡的想象力。他说：“薄雾悄然而至，弥漫山谷，开始仰望山巅；当夜色来临，不见了山的踪影，薄雾就深情地凝望星星。”想象力会将你提升至令人难以企及的高度，或者相反。拨开怀疑、恐惧和焦虑的雾霾，洞悉精神现实吧！

所谓洞悉，就是你正关注的、你正在注视的、你正专注其中的、你正专心留意的东西。在生活中,这就是你要到达的地方。如果你注视着山巅,说“我要登上山顶”,你就会登上山顶。但是,如果你说,“我老了,上山的话脚上会磨出泡来,太累了”,那你就不会到达山顶。

你也注意到,内心的慈善力量和看不见的存在会引领你,并在你实现梦想时助你一臂之力。在你生活的旅程中,不管有多少艰难险阻,请记住通过你想象的力量,你心底的爱之花、美之花将会灿然绽放。

想象力是上帝的加工厂。原材料在加工厂里被转换、制造、生产出有用的物件和工具。同样,我们的想象力也是一个又一个的加工厂。有了想象力,我们的观念、观点和概念就被转换、制造、生产,形成了我们日常生活中的条件、环境和事件。想象成什么样子,我们就会成为什么样子,同时也会成就事业、实现目标、拥有财富、获得经验。

只要稍微用心一想,我们就会发现,在日常生活中,我们所看到和发现的有用的或实用的东西都是来源于人的想象力:我们穿的衣服、开的车、休息时坐的椅子,我们见到的写字楼、居民楼、旅馆、道路、飞机,所有这一切以及更多的事物,都是靠人类头脑中的想象力,首先被设想为一种理念。

是的,正如你所知道的,所有伟大的画作和雕塑都是受神灵启示的想象力的产物。你的想象力给你描绘了理想,是理想引领人类向前、向上。美丽的圣母玛利亚(Madonna)该画在什么地方呢?是在大脑的空间屏幕还是画布上呢?难道不是存在于受过训练的画家的头脑中吗?

在希腊的黄金时代(即2600年前或更早),希腊人就善于利用意识和想象的法则。是的,他们熟稔受过训练的、受控制的想象力以及无限上帝加工厂的力量。怀孕了的母亲,她们都是怎样对待想象的呢?为了让未出生的孩子获得每一个母亲头脑中关于健康、美、对称、秩序和平衡的概念,她们置身于美丽的图画和雕塑中。因为母亲们会凝视着这些美丽的雕塑以及诸如此类的事物,孩子们生下来就会与美、秩序、对称和平衡相媲美。这个道理很简单,是不是?当然,非常简单,所有伟大的生活真理都是简单的。

有一个古老的寓言,说的是波斯王子驼背,站不直。他聘请了一位技艺高超的雕塑家,要求他给自己雕刻一尊塑像,在各个方面都要与自己很像。但是王子说:"我想让你把我的背雕刻得和箭一样笔直,我希望看到我本来应该的样子,就像上帝希望我成为的那个样子。"结果呢,雕塑家按照王子的心愿完成了雕塑。王子说:"现在请将塑像安放在花园的一个秘密角落里。"雕塑家照办了。每天,王子都定时地、有计划地对着雕塑沉思冥想两三次,他热切地渴望有一天自己的背会像雕像一样笔直,王子对此充满信心。他专注于雕像中自己笔直的后背、高昂的头颅和漂亮的面容。

几周过去了,几个月过去了,最后,两年过去了。人们开始议论:"王子的背不驼了,他站起来笔直,像真正的贵族。"是的,寓言上说,王子出入于花园,凝视着自己的雕像。这是真的,他的背和雕像一样笔直,很漂亮。他注视着雕像,凝视着雕像,他想象着自己拥有一个笔直如箭的后背。

当你想象你现在是你渴望成为的那种人时，奇迹就会发生。反反复复地扮演你要成为的角色，你就会成为那个角色。为了成为你想成为的，你必须首先构思你的愿望，想象你的愿望，为愿望描绘出一幅现实的图画。

多年前，我遇到一位年轻人，他应征入伍，自叹命运不济，因为他想成为医生的计划无法实现了。我告诉他："想象你自己是一位医生，看看结局如何。你有名牌医学院的毕业证，这就说明你现在已经是一位医生，一位军医了。思考它，描绘一下结局，振作起来，充分利用你大脑的法则。"我用了五分钟的时间给他解释大脑的法则。是的，作为一名医学院学生，有医学预科。他倒是很容易理解这一点。他是一个很有头脑的小伙子，于是开始为当医生做准备。服兵役之后，过了一段时间，部队送他去读医科大学。现在他已经是一名医生了。他看到了结局。看到结局你就会明白要实现你想要的结局需要采取的方法。

你知道，考古学家、古生物学家和其他人告诉我们，史前石器时代的穴居人在洞穴的墙壁上刻画了很多打鱼、捕捉野禽或者捕猎大象或其他他们想要捕捉的动物的场景。他们为什么这么做呢？因为他们知道，本能地知道，某种力量将会给他们带来这些鱼、飞禽走兽等等，以便他们以这些心中想象的猎物为美食，饱餐一顿。你看，原始人都能凭着直觉感觉到意识的法则，知道想象的事情一定会发生，他们会捕猎到自己潜意识中的动物，以便能大饱口福。

这就是想象力的力量。想象力就在你的内心。下面我想讲讲卡尔·西蒙顿博士(Dr. Carl Simonton)所写的一些东西。卡尔·西蒙顿博士是一位医生,癌症专家。

西蒙顿博士说,在放松、冥想的帮助下,如果病人确实想好起来,即使被宣布为癌症晚期的人都会康复。他讨论了在癌症治疗中意识所起的重要作用。下面是西蒙顿博士所作的(我将他讨论中最重要的部分摘录如下)有关想象力的论述:

我与第一位病人开始了这个治疗过程(他正在讨论关于意识的情况)。除了医学治疗之外,我向他解释了我本人对意识的一些想法。我告诉我的病人,通过共同的意象,我们将要尝试进行抑制疾病、癌症。他61岁,喉癌扩散。他身体消瘦得很厉害,只能吞咽下唾液,不能进食。在向他解释了病情以及放射治疗的情况之后,我请他放松,一天三次,从心理上来想象自己的病情。你知道,也就是说,我作为一位主治医生,给你出示一幅完好的喉咙的图片,所有细胞状况良好等等情况。你就反反复复在心里想象这个情景,知道在你的机体内部存在着一种防御机制,该防御机制正在修复你的喉咙,修复至那种完美的程度。一切进展顺利。

他说:“向他解释了病情以及放射治疗的情况后,我让他一天三次放松,从心理上来想象他的状况、他的治疗、他的身体中疾病与治疗是如何相互配合的,这样他就能更好地了解自己的病情,并配合以后的治疗。”治疗结果确实让人吃惊。现在,我们讨论共同想象。这意味着医生看到的是一个完好的喉咙，并教会他如何看到一个完好的喉咙，意识到上帝的力量正在回应。

他说："当我向我的同事们解释我的行为时，他们以开玩笑的口吻对我说：'那你为什么还费那个劲打开机器去给他治疗呢？'我的回答是'我知道的还不够多'。"现在那个病人已经活一年了，后期治疗也已经过了一半时间，喉部已经没有癌症的迹象了。他还患有关节炎，他基本用同样的心理过程治愈了关节炎。换句话说，想象你自己是一个完好的人，正在做你通常做的事情。如果你病好了会干什么呢？你说"骑马、游泳"等等。就是这个癌症病人，他还患有阳痿，他患阳痿已经20多年了，不能和妻子过夫妻生活。他用了10天的时间放松，心理上想象着解决的办法。现在，他说每周能与妻子做爱两三次。所以，他打电话给我，告诉我阳痿症状减轻时，我请他解释是怎么做到的，或许我在以后的生活中可能会用上这一技巧呢。

西蒙顿博士是特拉维斯空军基地(Travis Air Force Base)的医生。他谈起了他在空军部队治疗的第一位病人。他说，这位病人是空军的领航员。他从不抽烟，在他口腔上颚有个恶性肿瘤，在喉咙后部有个更大的肿瘤。上颚部的肿瘤有20%或30%～50%的治愈率。喉部的那个有5%～40%的治愈率。加在一起，估计治愈率大约只有5%～10%，因为在同一时间长了两个肿瘤无疑会使情况恶化。

他说(我正引用的这些话)："应该强调他是一个非常积极的病人，也非常配合。经过一周的治疗之后，肿瘤开始收缩。四周之后，溃疡没有发展为肿瘤的迹象，所以这在本质上是做同一件事——表明了一个非常激动人心的回应。一般很少遇到过这种情况——在这样短的时间里两个独立的肿瘤就获得这样激动人心的回应。一个月之后，一小块溃疡很好地得到了治愈；十周的治疗之后，他的上颚在外观上已经完全正常了。真正棒的事情是他咽喉的病灶也开始好转，与上颚一样有了回应。常规检查表明，他咽喉里长肿瘤的地方已经分辨不出了。在他被取消飞行资格仅仅三个月之后，他上颚和喉咙上的肿瘤完全消失，毫无疑问，他又获得了飞行资格，继续他的飞行事业。”

在放松、冥想的帮助下，即使被宣布为癌症晚期的病人都会康复。他还特别强调一点，那就是他们必须自己想好起来。你知道，有些人不这么想。你知道，有些人想病着。

这听起来是不是挺有意思的？我想对此谈点看法，向你说明想象力的重要性。当然有人误用想象力。有一位生意人，他很成功，事业很有发展前景。但他老是想象着空货架、破产、救济院等等诸如此类的事情。当然，如果他保持这些想法，他会破产。但是，他事业兴旺发达，因为他想象的事情根本不存在。他心里映现的景象是破产、空空的货架、没有顾客，如此等等。如果你在心里这么想的话，就会发生想象的事情。

无疑，你可以想象疾病，你可以想象失败，你可以误用任何力量。但是这么做是很愚蠢的。打个比方说吧，外套是一件心理上的遮盖物。你可能穿着恐惧或忠诚或自信或爱或善意等等各种外套。你可以穿一件令人羡慕的外套，是不是？你穿着一件从外表上来说适合场合的衣服。你参加体育运动的时候，穿的是运动装，你上班的时候，穿的是工作装，你去参加宴会、去剧院穿的是格调高雅的礼服，这些都是你身体上穿的衣服。但是我们也穿心理上的衣服，这就是你所持有的思想上的态度、心情、情绪。你有能力给理念穿上各种形式的外衣。

你可以想象任何事情。你可以想象那些可爱的、有美好名声的事物。你当然能。你可以想象你的穷朋友住在豪华的时尚圈子里，你可以想象他喜上眉梢，可以想象他发生了翻天覆地的变化，可以想象他笑口大开。你能听到他在向你诉说你想听到的，当你想看到他的时候，可以真真切切地看到他。没错，他容光焕发，满脸幸福，生意兴隆，功成名就。你的想象力可以给任何想法或者愿望穿上外衣，并将它们客观化。你可以想象匮乏之处的富足，不协调之处的安宁，病痛之中的健康。

想象力是你最主要的能力，其地位比你心里的其他力量或因素都重要。你有很多能力。但是你的想象力，一旦你调控得当，就会让你冲破时空，超越所有的局限。如果你的想象力被高尚的、神圣的观点或者理念所占据，那么你就会发现在你的精神活动中，它是所有能力中最为有效的。

想象力控制着整个概念王国。不管你身陷怎样的囹圄，你都可以想象自由，不是吗？你能想象自己回来了，和深爱的人在一起，做着你想做的事情。所以监狱只是恐惧、疾病、匮乏或各种局限所制造的监禁所。你可以想象你的自由，继续做你想做的事情，直到实现愿望为止。然后，经过一番在黑暗中的酝酿之后，你的祈祷显灵了，有了回应。

在球场上，受伤的人扭伤了脚踝，伤了筋腱，或者不管是什么，都会去医院。难道去了医院他就不想象着自己回到球场上踢球了吗？如果他不这么想，他就会一直待在医院。他永远也不会离开医院了。他离开医院，是因为他对自己说："我用不了四五天或者一周，就会回到球场。"正如他想象的，他又回到了球场。你很清楚，这是真的，你也很清楚，如果他不想象着自己回到球场，他就会在医院待上一辈子。

现在，我敢说有些人不想好起来。他们在叫喊着自己的痛苦的时候，却为此而窃喜，因为由于痛苦，他们受到了关注及诸如此类的事情。是的，在这个世界上，有很多人，很多朋友，不想得到治愈。他们不想治愈，是的，他们为自己的痛苦而窃喜，他们谈论自己的痛苦。他们说，你知道我患风湿病的，并轻轻地拍着自己的腿，比方说，我的关节炎，我的偏头疼，等等。当然，你应当想着好起来。

暂且想一下一位训练有素、才华横溢的建筑师。他在脑子里能建造一幢气势恢宏的、充满现代气息的21世纪的城市，包括超级高速公路、游泳池、水族馆、公园等等。他能在头脑中构建他所见到过的最有气势的宫殿，在将建筑计划交给建筑工人，完成工程之前，他能想象出建筑工程的全部。建筑工程在哪里呢？在建筑师的想象中。

我向你解释过，想象就是构想。不管你构想什么，你都能做出设想。设想就是给你的潜意识灌注构想的图画、完美的景象。所以古人说，心灵可以看得见你心里无形的事物。发明在哪里？新的戏剧在哪里？你的秘密发明现在在哪里呢？难道不是在你心里吗？它是真实的，在头脑的另一个维度里，有形式、有形状、有实体。相信你现在就有，你会收到的。

凭着想象力，你竟然能听到你母亲远在你的听力范围之外的声音，即使她距离你有1万英里之远。在心理上和精神上，她就在你的面前。她正告诉你你渴望听到的事情。毕竟，我们都是心理和精神的存在。当然，她在那里，她正在告诉你你渴望听到的话语。你渴望听到什么呢？她正在告诉你她生活中所发生的上帝的奇迹，她是怎样的生机勃勃，怎样的充满活力，怎样的热情洋溢。她正在告诉你你渴望听到的，你喜欢听到这些。你能清清楚楚地、真真切切地看到她，就像她在现场一样。这是你所拥有的奇妙力量。你很清楚你能做到这一点。你能发展并培养这种想象力，这种力量会让你获得成功和繁荣。

假设你母亲生病住院。你并没有看到她住进医院。你对上帝的治疗（Truth：基督教信仰疗法派用语）是了解的。你将注意力集中在母亲生病住院上。这是一件非常可怕的事情，是一件非常愚蠢的事情。如果你懂得意识的法则，你就会意识到上帝的治疗力量正流向你的母亲，上帝之爱正在为她治疗，上帝之爱正在指导她，上帝之爱正在注视着她，上帝之爱会消除一切异己成分，上帝之爱正在指导医生、护士以及所有照料你母亲的人。那才是你应当肯定的东西。但是你的断言要与你的想象一致。你的想象要与你的断言一致。

因此,你没有看到你母亲生病住院。她就在你面前,她正在向你娓娓讲述着所发生的上帝的奇迹。她感到好极了,她怎样与无所不能的上帝接触。你轻轻地来到我身边,我感到了你的美好德行,那就是你想看到的。然后,你开始真心实意地祈祷,你真正地理解了意识的法则,你是一个很了不起的信仰疗法术士。

但是如果你坚信的是一回事,想象的是另一回事,那就是虚伪,你就会一无所获。因为你的想象必须与你的断言保持一致,这是再简单不过的事情。我经常说99%的人不懂得怎样祈祷。不错,一点不错,他们说着美妙的祈祷词,但是,他们设想的却是父亲、母亲、儿子在监狱或医院里的情形,或者生病,或者其他糟糕的事情,等等。

一位销售经理不得不放手让约翰走掉,因为他态度不够端正。你有没有听说过这样的事情呢?是的,你的态度。改变态度就能改变一切。生意圈里,人们都知道正确的态度的重要性。

你的心理态度意味着你对人、对环境、对条件、对事物、对空间的心理反应。你与同事的关系怎样?你与他人、与动物,总的来说,与宇宙关系友好吗?你认为宇宙对你充满敌意吗?世界亏欠你吗?总而言之,你的态度如何?所以,注意你的态度,在你的生活中采取正确的行动。你在世界上要传播爱、传播和平、传播善意，传播至每一个人。当你改变态度的时候，你就改变了整个宇宙，你生活的各个阶段才会奇迹般地融入到你的想象中去，融入到与你采取的相类似的态度中去。

例如，如果你想象他人卑鄙顽劣、虚伪造作、嫉妒成性，那么请注意这样想时在你的内心所产生的情绪。现在，请换位思考一下。开始想象同一个男孩或者女孩是正直善良、真诚可爱的。请注意这一反应在你心中唤起的情感。所以，想一想，你不正是你情感的主人吗？事实上，全部事实的真相是：你的真实意念决定了你对整个生活的全部态度。假设老师说你儿子在学校反应较慢，或者智力迟钝，或者其他什么的。这样，他不会学得很好。假设你是母亲，你会怎么做？我们还假设你懂得意识的法则、精神的发展思路。你会在椅子上或沙发上坐下来、放松下来，动员你的注意力吗？你首先要放松，放松身体。当然，你的心情会平静下来。你可以对你的脚趾说，你的脚趾就会放松下来。然后，你可以想象：我的双脚放松下来，我的腹肌放松下来，我的心脏和肺放松下来，我的脊柱放松下来，我的脖颈放松下来，我的双手和手臂放松下来，我的大脑放松下来，我的双眼放松下来，我的整个存在完全放松下来，从头到脚。

一旦你放松下来，你的身体就会听命于你；一旦放松，你就会相信你的祈祷总会有回应。如果不放松，你就不会得到任何结果。放松，并相信会有回应。你放松身体时就是放松心情。你的心情现在是如此的安详，平静。那么，现在如何来处理这个小家伙的事情呢？你可以想象儿子现在就站在你的面前。吉米正告诉你："妈妈，你知道吗，我得的全是优秀。老师还向我表示祝贺呢。"你会注意到无限智慧在你儿子身上复活了。他很幸福，很快乐，很自由。你会看到他眼睛里闪烁着的光芒。他正在告诉你你作为一个母亲渴望听到的内容。他说："老师表扬了我，我的功课学得非常棒。"

你可以像过电影一样想象这番情景，并保持这种状况，这样就会使蛰伏在你儿子头脑里的聪明才智和内心的上帝的智慧复活，这份智慧就在你儿子的身上。作为母亲，你能够将其唤醒，当然，母亲能够唤醒在儿子内心蛰伏已久的智慧。那是什么呢？是受过训练的想象力。在不抵抗的、自然的、善于接受的状态下，你主观想象的情形，恰好是儿子客观地向你描述的情形。

现在，你知道了，这和 ABC 一样简单。我们所讨论的是受过训练的、受控制的、有指导的想象力，我们讨论的是意识的法则，这些法则行之有效！现代科学家对此心知肚明。关于上帝占主导地位的思想即是你的生活理念，因为上帝就是生活。上帝是你内心的精神力量，而且上帝会对你的思想做出回应。如果这样的思想或态度占主导地位，那么你的习惯性想象和思想就是建设性的、和谐的，上帝的力量就会指导你，让你在各个方面兴旺发达。这一占主导地位的态度涉及方方面面，你会用一种积极的、肯定的态度来看待世界，你的观点会是积极的，你会快快乐乐地期待最美好的东西。

想象力如何创造了最成功的事业？关于这一点，霍华德·舒尔茨（Howard Schultz），星巴克经营人，就是一个很好的例子。星巴克作为一个新概念,它的成功需要的是具有先见之明的开阔视野、坚忍不拔的毅力和矢志不渝的信心。

舒尔茨曾做过星巴克零售店的雇员和市场销售员。当时星巴克还是一家规模很小的咖啡批发商店,在西雅图只有几家零售店面。舒尔茨 29 岁,刚刚结婚。他和妻子离开了纽约,接受了这份新工作。

大约一年以后,舒尔茨在一次采购旅行中访问意大利。当漫步在米兰街头时,他注意到,咖啡对于米兰文化来说有多么重要。一个典型的例子是:在米兰,一天的工作是从咖啡馆里一杯香醇浓郁的咖啡开始的。下班之后,朋友、同事在回家之前,又会在咖啡馆里再聚首,悠然闲适地做短暂停留,惬意地品一杯咖啡。咖啡馆是意大利社会生活的中心。舒尔茨设想着将这样的咖啡馆搬到美国。虽然之前从来没有人这么干过,但是他想,鉴于星巴克咖啡的高品质,这并非是不可行的。

舒尔茨设想了在全美国开设上百家星巴克咖啡店的情形。在上班的路上,商店经营者会在咖啡店里稍做逗留,下班后,他们会来咖啡店里放松心情;购物者会在咖啡店里临时歇脚,喝杯提神饮料;年轻人会在咖啡店里相约见面,而不是去喝鸡尾酒;合家老少会在看电影前或电影结束后,来咖啡店喝点饮料,吃吃点心。

舒尔茨对此简直像是着魔一样。他下定决心以意大利的咖啡馆为基础开办全国连锁店,但是星巴克的老板不愿意。他们做的是咖啡豆批发生意,经营的饭馆只是一小部分生意。

为了实现目标,舒尔茨离开了星巴克,计划着开一家新公司。

1986年，舒尔茨在西雅图的第一家咖啡店开张了。该店面很快获得了成功。不久，舒尔茨在西雅图又开了另一家咖啡店，然后在范库弗峰开了第三家店面。第二年，他成功地收购了星巴克公司，并用星巴克作为公司的名字。

舒尔茨相信，星巴克的质量终有一天会改变美国人的日常生活方式。如果舒尔茨愿意，一杯星巴克咖啡将会成为美国文化的基础部分。他的观念使他获得了巨大的回报。从1988年起，星巴克的销售量每年增加九倍。

连续三年星巴克公司曾经蒙受巨大损失，仅在1989年就超过了100万美元，但是舒尔茨从来没有放弃过。他有一个坚定的信念，那就是，这就是开公司的必由之路，公司会很快扭亏为盈。

西雅图的店面一开始赢利，星巴克就慢慢扩展到其他城市——范库弗峰、波特兰、洛杉矶、丹佛、芝加哥，后来扩展到东部城市和海外。星巴克的名字在全世界已经家喻户晓，成为美国市场独创性的典范。星巴克使霍华德·舒尔茨成为世界巨富之一。

很多人对生活都持有悲观、沮丧的观点。他们愁眉不展、愤世嫉俗、刚愎自用。这是他们占支配地位的心理态度在作祟，这种态度导致了他们对事物产生消极反应。即使你或你的家庭经历的是一些美妙的事情，但如果你始终哼着忧郁的调子，你欢乐的心情通常也只是昙花一现，不会持久。

有个年轻人，16岁，读高中。他对我说："我学习成绩不理想，我的记忆力很差，我弄不清是怎么回事。"成绩不理想，惟一错误的是他的态度。他意识到，要想成为一名律师，升大学时入学考试成绩至关重要。于是他采取了一种新的态度。他开始科学地祈祷。

科学的祈祷是最快捷的改变心理状态的方法之一。在科学的祈祷中，我们要处理与思想相对应的原则。这位年轻人意识到在他自身之内存在着精神上帝，上帝是惟一的动机和力量。而且，更重要的是，他开始宣称他的记忆力非常完美，无限智慧随时随地不断地向他启示他需要知道的一切事情。他开始向老师们和同学们传播善意，这一点非常非常重要。现在这位年轻人正享受着充分的自由，这比他多年来曾经知道的自由都要多。他不断地想象着老师和母亲祝贺他出类拔萃的学习成绩和他令人羡慕的出色的学习报告。他正在想象所盼望的结果，正是这一结果改变了他的学习态度。如果你想象成功，做你喜欢做的事情，并且坚持下去，有规律又有计划地坚持——不否认你所坚信的东西——那么你就一定会成功，你必定会成功，因为你有意识法则作为你强大的后盾。

前面我们讲过，所有的心理态度都受到想象力的制约。我们说过，你可以有两个方向去使用想象力。你当然能。你也可以使用你的思想，你可以有两个方向去使用任何自然力量。你可以用硝酸烧毁身体，也可以在窗玻璃上画一幅圣母玛利亚的画像。你可以用水溺死你的孩子，也可以给他喝水解渴，水本身没有错误。如果你掌握了航行的法则，那么将轮船吹至岩石上的暴风也同样会将轮船吹回安全地带。化学规律没有什么错误，它们是可靠的。你可以以一种奇妙的方式将这些化学药品结合起来，造福人类，治愈患有各种病症的人；如果你不懂吸引、排斥、原子量的法则等等，你走进实验室，用这些药品可能会将某一地方炸毁。

你可以设想今天很不走运，生意惨淡，愁云不散，下着淅淅沥沥的雨，没有顾客光顾你的小店；即使有客前来他们也身无分文，你会体验到你消极想象的后果。

有位妇女给我打电话。她一直在想着卖掉父亲留给她的一套房子，那套房子大约值50万美元。“我寡居，就一个人，我想卖掉这个地方。但是现今人们没有那么多钱。他们只是过来看看而已，一去便不再回头。”

“你看，这就是你的事情了。停止你那愚蠢的念头。走出你的这幢豪宅试试。你将它指给一个想象中的买家，是的，想象中的买家。你把所有的地方都指给他看，例如车库和其他一切地方。买家正在说‘我挺喜欢的，我想买下来’。他正在给你开支票，”我对她说，“所有这些都是你的想象，是的，你因此很高兴，你拿了支票去银行。银行家说‘祝贺你，祝贺你卖掉了房子’。所有这一切都在你心里。你正领着他看整栋房子。他很高兴，说‘我买了’。”我告诉她：“你在心里生动地描述一番整个情形，你正在将房子出手，因为你正在心里卖房子。如果你不在心里卖，你永远也卖不出去，因为所有的交易都是在你心里进行的。”

有时候，想要完全弄清他人的想法几乎是不可能的。这些事情如此简单！绝对简单，连七岁小孩都懂得。现在，如果你教不会七岁孩子，就说明你不明白。因为如果你明白的话，你就能将你所懂得的道理教给七岁孩子。

所以，除了首先有人想买房子，并且有钱买房子之外，你没法把房子卖掉。但是，如果你开始对自己说“现在谁有50万美元呢？银根很紧，按揭利率很高”等等这样的话，你在开始卖房前就已经先被打败了。但是总会有人有50万的，百万富翁随处可见。

除了有人想买房子外，你没法卖掉它，这是基本常识。无限智慧的上帝知道那个人在哪里，那是第二位的。然后你做一些简单的事情：“无限智慧的上帝将会吸引那个想要房子的买主来到我面前，那个买主会很欣赏我的房子，在我的房子里他会兴旺发达，而且他也是个有钱人。”然后你排除那些一文不名只是想看房子的人，因为你不是在做观光生意。因此，要事先声明只有有钱买房的人才可以过来看房子，然后你在想象中领着他们看房子，你是在领着你的买主看房，他很满意，你正领着他看你想让他看的地方，或者你应该让他看的地方。房子就卖掉了。这样，房子就成交了。这是最快的卖掉房子的办法了。

有一次，特洛沃德法官走在伦敦的街道上。他想象着自己在街上看到一条蛇，随之而来的恐惧让他几乎半瘫痪了，他所看到的景象看起来真像条蛇。你知道，伦敦是没有蛇的。但是特洛沃德所看到的景象真的像条蛇一样，所以就产生了同样的心理和情感反应。

你会想象什么呢？《圣经》上告诉你，凡是真实的事情都可以想象，凡是公正的事情都可以想象，凡是可爱的事情都可以想象，凡是纯洁的事情都可以想象，凡是诚实的事情都可以想象，凡是有美好名声的事情都可以想象。思考这些事情,想象这些事情。你想象生活的哪些事情呢?对你来说是幸福生活吗?还是虽然长寿,但一辈子却过得挫折不断、磕磕绊绊的?

你是根据习惯地默想的心理意象,去构想、塑造、设计你的外部经验世界的。去想象生活中能够使你增辉、让你振奋、使你愉悦、让你满意的条件和环境。想象一下你丈夫正在告诉你你渴望听到的甜言蜜语。是的,静静地坐下来,闭上眼睛,然后醒来。瑞普·凡·温克尔(Rip Van Winkle)只是沉睡了20年。静静地坐下来,集中你的注意力,放松下来。如果不放松,你就不会获得你想要的祈祷结果。一旦你放松并且相信,你的祈祷总是行之有效的。如果你不放松,你就不会相信。就这么简单。所以,别欺骗自己。放松,放手,你丈夫会告诉你你渴望听到的。他说:"我爱你,宝贝。我觉得你棒极了。"他正在告诉你你一直渴望听到的。他正在告诉你他升迁了,他确实升迁了,你知道。他正在做着他喜欢做的事情。他正在告诉你你一直渴望听到的缠绵情话:他有多么爱你,他有多么的在意你,他怎样得到升迁的,对他来说生活有多么美妙,他在新的职位上有多么幸福。他正在告诉你你一直渴望听到的似水柔情。来听听吧,不要否认你所坚称的,然后他会客观地告诉你,你想要听到的话他正在主动地诉说。因为根据黄金法则和爱的法则,你正听到他在向你讲述他应该向你诉说的话语。根据爱的法则和黄金法则,总是让她或他向你讲述他们应当诉说的话语。这样你就不会错,不是吗?

我收到来自全国各个州的男男女女的信，其中有些内容几乎令人难以置信，因为他们说：“我想让这个女人和我结婚，可是她对我根本不理不睬，你能告诉我怎样祈祷，怎样得到她吗?”诸如此类的事情。我写信告诉他们；那不是祈祷。我不能想象世界上任何一个心智正常的男人竟然想找一个不喜欢自己的女人。我就是这么告诉他们的。如果你是一位妇女，我想象不出你嫁给一个不喜欢你的男人会是怎样的境况。对我来说，这是很愚蠢的事情。

爱是相互的事情。如果你在恋爱中，那么就存在着相互关系的自然规则。这就像那位说“我疯狂地爱上了约翰·琼斯”的妇女。我说：“那么，约翰·琼斯是怎样对待你的，他说什么了？他向你求婚了吗？他送给你订婚戒指了吗？他告诉过你‘我们 11 月 10 日结婚’等等诸如此类的事情了吗?”

“哦，那倒没有，但是他对我笑了。他对我很好啊。”我的老天！

这就是我为什么经常说瑞普·凡·温克尔只是睡了 20 年的原因。如果你爱上了某人，那个人就得也爱上你。这是相互关系的规则。爱是一种和解的状态，我们要爱每一个人。就是说，我们要向他们传播爱、和平、善意、热诚、温暖，祝愿他们一切幸福。如果你不这么做，你就会惹麻烦，你会惹很大的麻烦。所以，在这个意义上，我们要热爱所有人。我们祝福别人就像祝福自己那样。但是你不能试图强迫别人，试图强迫别人爱你，或者与你结婚，或者其他。那是巫术，会对你的言行起反作用。这很疯狂，不切实际。只能这么说，十足的疯狂！

现在，想象你自己……如果想象你自己，如果你把生活想象得索然寡味、冷酷无情、艰难曲折、痛苦不堪，那么苦苦挣扎和痛苦煎熬就在所难免，因为你给自己制造了痛苦不堪的生活，因为那样的生活就是你所想象的。想象你自己在高尔夫球场上，你自由奔放、放松愉快、热情洋溢、精力充沛。你的乐趣在于克服目前高尔夫球场上的所有困难，激动人心的事情在于克服所有的障碍。

我的一位当老师的亲戚。我和他在一起，他正审视着爱尔兰的圆塔。他有一个小时连一句话都没说。他表现出一副淡然、意识完全打开的样子，就像进入了沉思的氛围。我问他正在沉思什么，他告诉我下面这番话。

他说：只有凝思世界上伟大的、非凡的思想，我们才会成长，才会发展。他仔细思考圆塔里的石头的年龄，然后他的想象力将他带回那些石头最初形成的采石场里。他的想象力去除了这些石头上的遮蔽物，他用心灵的眼睛来看待石头的结构，石头的地质形成，石头的构成成分，将之简化到无形的状态。最后，他用所有的石头、所有的生命、整个世界来想象石头的整体性。只有一个本质，你知道的。他注意到在他神授的想象中，可以通过观看圆塔来重建爱尔兰种族的历史。那是绝对真实的，这么做也是可能的。因为只有一个实质、一个法则、一个生命、一个真理。圆塔的石头就是一个种族的记忆。为什么？它是主观的存在，它并不是坚硬顽固的，它是灵活而充满生气的。石头也有生命，你知道的。宇宙中不存在没有生命的东西。你说石头没有生命，那是多么的荒谬啊！那块石头就充满着生命活力。通过想象，这位老师能够看见活在圆塔里的隐匿的灵魂，听见它们的声音。在他的想象中，整个圆塔充满着生命活力。通过这种力量，他就能回到没有圆塔的时代中去。在他的心中，他开始构思圆塔的故事，从石头的起源开始，一直到谁把石头运到现在的地方，到建造圆塔的目的，一直追溯到与圆塔有关的历史。

他对我说："我几乎能感受到消失了几千年的触摸、能听到行走在几千年前或急或缓的跫音。"小说来自哪里？诗来自哪里？人类的故事来自哪里？是主观思想渗透于所有的事物中。它存在于一切事物中，是被它所创造的所有的物质的实质。永恒的宝库就在建造大厦的石头中。不存在没有生命的事物，一切都是具有不同表现形式的生命。

的确，通过你的想象力，你能够想象大自然向你揭示的看不见的奥秘。你会发现你能够深入探测到与事物外在不同的事物的内部，不可见变成了可见。

所有的宗教都是因为人类的想象力而诞生的。难道电视、收音机、雷达、超音速喷气式飞机以及现代发明等等，不是产生于人类的想象吗？你的想象力是无限的宝库，它向你释放所有的珍宝、音乐、艺术、诗歌和发明。你可以去参观一些古代废墟，古老的庙宇或者金字塔，然后重建逝去的往昔的一切历史记录。在古老教堂墓地的废墟上，你能够看到一座恢复了它往日所有的美丽和荣光的现代城市。

你可能身陷匮乏、逆境之囹圄，或者无法逾越的困境。但是，在你的想象中，你可以发现梦想不到的自由。我现在就能想象莎士比亚正在聆听古老的传说、寓言和当时的神话。我也能想象到他坐下来，在心里列出剧中所有的人物，然后让他们一个一个披挂上阵，想象他们的头发、皮肤、肌肉、骨骼等等，给他们以生命活力，让他们栩栩如生，使我们感觉我们正在读自己的故事。所以，莎士比亚的故事就是你的故事。所有的人物都在你的内心，莎士比亚戏剧中所有的人物都在你的内心。

发挥你的想象力去经营上帝的事业。上帝的事业就是让你实现你的智慧、你的技术、你的知识、你的能力，保佑别人，同时也保佑你自己。你就是在从事上帝的事业。如果你经营的是一个小店面，而在你的想象中，你感到你自己正经营一家更大的店面，给更多人提供更多的服务。在你心中创造一个传授黄金法则和爱的定律的故事，因为信心是通过爱而起作用的。你即便有移山填海的信心，但是你心中若没有爱，你也不会走得太远。爱就是善意，是热诚，是温暖，是对所有人的善意，是希望他们得到生命的祝福。

通过赋予精神意义和高度艺术化了的心理活动来宣扬你写的故事和人物，你的作品将会引人入胜，在你的读者中受到热烈欢迎。是的，奇妙的想象力就在你的内心。如果我们都能时不时地重塑我们的观念，检查一下我们的信念和观点，这将是无比美妙的想法。问问你自己：我为什么相信这个？这个观点源自何处？可能你所持有的很多想法、理论、信仰、观念是错误的。至于它们是否是真理或正确的，你没有做过任何调查研究，只是把它们当做正确的东西来接受了。

所以，通过想象感知，研究古代埃及墓葬的考古学家、古生物学家按照原样修复了古老的墓葬废墟。当然，他们能够修复，让逝去的往昔再一次鲜活起来，可听、可见。看着古老的废墟和象形文字，科学家们在讲述着语言没有诞生的那个时代的故事。那时候，交流是通过咕噜声和手势进行的，因为在漫长的人类历史中曾经存在过没有语言的时代。科学家们的想象力使他们能够修复古老的庙宇，给庙宇修缮上屋顶，在周围筑起花园、水池和喷泉。遗留的远古的人类化石得到修复，复原上眼睛、肌腱、肌肉，他们又能够行走、讲话了。消逝的曾经又成了生动的存在。我们发现，在想象中没有时间或空间的阻碍。

通过你的想象力，你能与各个年代最优秀的人做伴。你所有的努力都会成功。你可以战胜逆境、贫困、失败。你不会失败，你只会成功、富有。

小结

如果你希望成功，你必须先想象自己是成功的。如果你希望富有，你必须先想象自己富有。

当世人说“不可能，不能做”时，有想象力的人会说“能做”。想象力能够洞察现实的纵深之处，揭示自然的各种奥秘。

你要通过想象力来想象最后的结果，这样你就能控制任何环境或者条件。如果你想实现任何希望、愿望、想法或计划，首先在心里构建一幅实现理想的心理图式，然后不断地想象愿望实现了的情形，这样，你实际上就是在迫使自己去实现这些愿望。

你的想象力可以给任何想法或者愿望穿上外衣，并将它们客观化。你可以想象匮乏之处的富足、不协调之处的安宁、病痛之中的健康。

不管你构想什么，你都能作出设想，设想就是给你的潜意识灌注思想的场景，就是理想。心灵可以看得见你心里无形的事物。你深深渴望的成功在哪里？难道不是在你心里吗？它是真实的，在头脑的另一个维度里，有形式、有形状、有实体。相信你现在就有，你会收到的。

通过你的想象力，你能与各个年代最优秀的人做伴。你所有的努力都会成功。你可以战胜逆境、贫困、失败。你不会失败，你只会成功、富有。

第六章　没有免费的午餐

有一件事情你不能拥有，那就是不劳而获。古语说得好："天下没有免费的午餐。"不久前，我在一家商店看到店里推行这样的促销手段：如果你买两管剃须膏，他们就免费送一盒刀片。哦，你当然知道，他们是不会白送你刀片的，刀片的价格其实已经包含在总价格中了。至少该费用是包含在商店经营的整个生意费用中或者顾客的总花费中的。没有任何东西是免费的。如果你想富有，那你必须为富有付出代价；如果你想成功，那就要为成功付出代价。

不管你的愿望是什么，你必须付出你的关心、热心、诚心，然后你才能得到回应。任何事情总是要付出代价的，天下根本没有免费的午餐。

这个代价就是认可，这个代价就是你的信仰、你的信念。

救助者称他们的救助是免费的，不，根本没有免费的救助。你受天恩救助凭借的是你的信心。对任何祈祷的人来说，天恩只意味着爱，意味着光明，意味着对所有呼唤他的人都会作出回应的无限上帝的荣光。“召唤我，我便回应你。当你身陷困境，我与你同在。我会置你于高处，因为你已经知道我的名字。”天恩只是意味着至高无上的智慧对你有意识的思考和行动的回应。每个人都可获得天恩，天恩不会因为你所信仰的宗教的溯源、信条或教义的不同而厚此薄彼，或特别赐予哪一个人。

无限智慧的天性就是回应。

无限智慧对所有人都有回应。当你想学走路、想学游泳或跳舞时，你一遍又一遍地重复同一个动作模式直到学会；现在，你称它为第二天性。所谓第二天性就是你的潜意识对你的有意识的思考和行动作出的回应。就像开汽车，你现在碰到汽车时不会特别紧张了，或者不需特别用力地紧紧抓住方向盘了——根本不用，你很轻松地握着它。实际上，这是你的潜意识在开车，是不费力的努力，换言之，这是不会感到紧张和压力的努力。

你付出了代价，付出了关心、热心和诚心去坚守原则，并且坚忍不拔地坚守原则，不是吗？现在你能开车了，能骑自行车了，会游泳了，即使蒙着双眼也能演奏美妙悦耳的音乐。你一遍又一遍地重复同一个思维模式。现在，你能自如地演奏了，其实这是你的潜意识在演奏。

所以说，一切获得都是要付出代价的：要认可它、接受它，并要持有坚定的信念。我们学习任何科目，都需付出关心、热心和诚心，这样它就会以揭示自身的秘密来回报你。如果你对某一特定学科关注不够，不管是化学、物理还是数学，还是你投身的工作或正忙着的生意，毫无疑问，就这一具体项目而言，结果你依旧会像在黑暗中一样茫然。

门涅夫人（Mrs. Menier）是纽约市里一位非常优秀的老师，住在苜蓿旅馆（Lucerne Hotel）里。我在纽约的时候，也曾经在那里住过一段时间，有时和她聊几句闲天。门涅夫人有个朋友，经常来拜访她，借书，并顺便带走门涅夫人送给她的一些旧衣服。有一次，我问她："这位女士为什么不听听你的建议——听听你的课呢？那样她就不用穿你的旧衣服了。""呵，"门涅夫人说："我的这位朋友不愿意付出代价。她不愿意投入精力，也不愿意利用这些真理。比起有用的知识，她更喜欢这些旧衣服。"

我想门涅夫人说得很对。她的朋友喜欢旧衣服、二手伞以及诸如此类的东西，但不喜欢利用心理和精神法则。门涅夫人所做的就是关注伟大的真理，付出自己的热情和兴趣，而她的朋友却没有付出代价，因为她不愿意这么做。确实，很多人就是这样的。门涅夫人很有同情心，或多或少，总是持续地给她些旧衣服。我想，她是出于同情，然而同情对她的朋友没有什么益处。

几年前，在丹佛（Denver）举办的一个"你的潜意识力量"的暑期研讨会上，我遇到一位女士，她对我说："只要在心里想着某种愿望，我就能得到任何我想要的东西了。”我向她解释说，你惟一不能拥有的东西是不劳而获。你不能不劳而获，你必须付出代价。这位女士的皮肤出了点状况，有点小毛病。她一直祈祷皮肤痊愈，但是祈祷了十年，毫无结果。她用了各种各样的止血剂、洗液，还有其他的外用药，也没有感到症状有什么缓解。她从来没有付出任何代价，因为治愈的代价是对无限治愈的上帝的存在抱有坚定信心，治疗是根据你的信心、信念来回应你的。

现在，信心不在于信条、教义、教堂或哪个人或诸如此类的事情。例如，如果你对化学有信心，难道你不需要学习化学的吸引、排斥等一类的法则吗？当然，你必须要学习。学习这些法则之后，你就会合成奇妙的化合物，在无数个方面造福人类。你关注了伟大的化学原则——不管是在昨天、今天还是将来都是相同的，你对化学的信心就会因此而增长。

所以，信心就是对惟一创造性力量的关心、热心和诚心。一旦你知道思想就是事物，你感受到什么就会吸引什么，你想象什么就会成为什么，那么你就会因此而获得信心。你知道，对于任何想法，只要你对其施加感情或感到它是真实的，那么这种想法就会沉淀在你的潜意识中，会作为形式、功能、经历和事件而体现出来，你也会因此而获得信心。如此一来，你就会对你自己头脑的创造性法则有信心。你会相信，无限智慧会对你的思想作出回应。当你呼唤，便回应你。你要对它抱有无限的信心和坚定的信念。

例如，人们在丛林里迷路了，他们对一点深信不疑：一定会有人引领他们，并指导他们走出丛林。他们没有指南针，没有六分仪，没有根据星星判断位置的知识，不知道北极星在哪里，总而言之，什么都不知道。但是有些人却会坐下来说："主就是我的引导者。我不想别的什么，我只想上帝，上帝会引领我找到我的队伍的，上帝会引领我回到安全的地方。现在，上帝就在指引我。"他们呼唤至高无上的智慧，并遵循内心产生的指引（那种感觉）前行。他们被引领至流淌着活水的河边，只需沿着河走，便能得救了。

这就是指导性原则。他们付出了代价，不是吗？记住，认可上帝，关注上帝，呼唤上帝。因为如果你不呼唤上帝，你不认可上帝，那就如同上帝不存在一样。不通过你的内心，无限智慧就不会为你做什么。那位妇女必须付出的代价是认可无限上帝的力量，接受上帝治愈力量的存在，相信上帝正在为她治疗。但是，她却一直把力量施加给外部，说："我的皮肤对太阳过敏，我对冷空气过敏。我认为我胳膊上长满了湿疹是遗传的原因。我妈妈也是这样，是我的基因和染色体出了毛病。"她的心思分散了。她有两个心思，她从来没有付出代价，这个代价就是关心无限治愈存在的上帝和她自己的潜意识法则。相信潜意识法则，相信上帝的治愈存在，上帝就会做出回应，治愈她。

于是，她开始做如下祈祷：

创造我身体和所有器官并拥有无限治愈能力的上帝知晓我身体的所有运作过程和各种功能。我知道，我也确切地感受到并绝对坚信，上帝的无限宽广和光荣在我的身心中无比清晰地显示出来。无限上帝的完整、活力和生命力流经我的全身。我存在的每一个原子都接受无限治愈的上帝的改造。我完全地、毫无条件地原谅每一个人，我向我的所有亲戚，包括姻亲，倾注我的生命、我的爱以及一切真理和美。我知道，我原谅了每一个人，因为我能在心里遇到他们，不计任何前嫌和过节。我对正在发生的治疗充满感激。我知道，当我呼唤时，就会有应答。

她每天都重复这些祈祷，不慌不忙地、安静地、虔诚地祈祷着。

在我离开丹佛之前，那位患皮肤病的妇女告诉我，她的身上发生了一个奇异的变化，一个向好的方向发展的变化——从心理上、身体上，展现在她面前的是彻底的治愈！通过学习，她付出了代价，为意识准备好了接受治愈的礼物。而在此之前，她心里的指向存在着分歧。当时，她将力量施加给饮食、气候、遗传以及其他因素。

她开始明白，科学的思考者不会将现象世界或任何外部事物看作原因。所有的原因都是内心的精神——无所不在的上帝。上帝是第一原因，是全能的、至高无上的、无所不能的。没有任何力量能与上帝抗衡，不能挑战上帝、阻碍上帝、损害上帝。你假定另外一个力量存在的时刻，就是你与内心的上帝产生意见分歧的时刻，你的潜意识不会对你分散混乱的意识做出反应。比如，如果你在电梯里开始上上下下地按按钮，那么你既不会上也不会下，而是停在原地不动。

信心来自于你对意识法则的理解，来自于你勤奋地将它们应用于所有在你身边发生的事情上。你可以按照我在前面提到的方法来培养你的信心:化学家增长化学知识,物理学家增长物理知识,数学家增长数学知识,以使研究者能够研制出奇妙的复合物来缓解人类痛苦,也可以使人们不必再去做那些苦差事。科学家们通过不断地深入研究自然法则而逐步培养了信心,他们实现了伟大的壮举。为了获得大丰收,农民必须在地里播撒种子。他们必须作出决定,是种小麦、燕麦还是大麦。他们首先作出决定,然后将种子种在地里。农民必须为收获付出代价,那就是必须给土地播撒种子。

为了收获,必须首先把想法传输给你的头脑意识。在获得财富之前,你必须首先给你的潜意识留下财富的印象。不管你在潜意识上留下什么,它都会在大脑中的空间屏幕上显示出来。要知道,你只有通过正确的意识才能获得财富。不管你想获得什么,你必须将心理等价物建筑在你的心理之上。你为你的健康、财富、安宁、和谐或者你在生活中想要的任何事物建立你的潜意识,因为无限上帝就在你的内心。礼物已经被赐予了,上帝既是给予者又是礼物,你是接受者。你能给予上帝什么呢?什么都不能。上帝是无限存在和无限力量,上帝的力量存在于一切,超越一切,遍及一切。你到底能给予无限上帝什么呢?对于人类来说,上帝就是一切,上帝是所有事物,上帝是草叶,上帝是苹果,上帝是空气,上帝是种子,上帝是一切事物。你出生时整个世界早就已经存在了。

你惟一能够给予上帝或你内心永生的精神的,是认可、荣誉、忠心、热心,那是上帝向我们许下的惟一承诺:“呼唤我,我就会回应你。你身陷困境,我将与你同在,将你置于高处,因为你已经知道我的名字。”名字就是上帝的天性，上帝的天性就是回应你。上帝已经告诉你：在你呼唤之前，我就会应答；在你倾诉时，我会倾听。所以，答案已经在你的内心了——这是对太阳底下一切问题的回应。直觉就在你的内心，你可以从内心学会，心灵感应在你的内心，神视在你的内心，所有这些天生的能力都在你的内心。

你能够改变。改变你的思想，你就会改变你的身体，改变一切。改变思想，并且让你的思想保持变化。任何人所能希望的一切都已经存在于你内心的神圣灵魂中了，你就在你的神圣灵魂中生活，在你的神圣灵魂中发展，并因此而拥有你自己的存在。上帝在你的内心生活、发展、存在。上帝就是生命原则，是创始者，是你内心活着的精神，是全能。上帝就是精神。那些崇拜上帝的人信仰上帝的精神和真理。你渴望某些东西，这一事实恰恰是存在的证明，证明你的愿望是存在的。对你来说，渴望这一行为产生了对来自于你内心的至高无上智慧的回应。在你开口之前，永恒的上帝便已知道你需要什么。这一需要已经得到满足，礼物已经赐予你，因为上帝就是赐予者和礼物，你是接受者。如果你的思想已经准备好接受，那么一切都已准备就绪。

财富和发达就在此时，健康就在此时，安宁就在此时。治愈的神灵就在你的内心。爱就在此时，欢乐就在此时，力量就在此时。你在等待全能上帝的力量流经你的内心吗？上帝的力量现在就在你的内心。请对自己说：“全能的上帝的力量现在正流经我的内心。”你正在等待和平的到来吗？这么说吧，将来有一天你会拥有内心的安宁吗？上帝的安宁就在你的内心。安宁之河正在你的内心流淌。所以，礼物已经存在，上帝就是赐予者和礼物，上帝居留在你的内心。所以，如果你的意识为收到这一切而准备对外开放，一切都已准备就绪，那么，现在就去接受和平与安宁吧，接受灵感，接受引领，接受成功，就在现在。

首先，你必须睁开你的双眼，你必须敞开你的心扉，然后才能去接受。如果你两只手里都握着东西，你必须先扔掉一些，然后才能再捡起一些，难道不是吗？你必须抛弃心中的错误信念，接受真理。因为如果头脑为真理而开放，那么一切都是准备好的。准备好你的头脑去接受礼物吧。上帝的治愈力量就在你的内心。它会治愈你手指的切伤，它就在那里。当外科医生切除了肿瘤，他会说，“自然会治愈你的”。上帝排除了一切艰难险阻。

所以，你总会得到回应。你可能有过这样的经历：你试图解决某一特定问题。可以这么说，你冥思苦想，绞尽脑汁，努力寻求他人的帮助，你查阅了所有的参考书，甚至试图像科学家、化学家、药剂师一样去寻找解决办法，或者像搞研究的药理学家或内科医生或外科急救医生或业务经理那样去探索。你苦苦思索，与问题斗争，试图找到答案，直到最后精疲力竭。也许你本能地想要放弃了，你把这些难题都抛到了脑海深处，终于疲惫地睡去。有时答案在夜晚就奇迹般地在你的睡梦中悄然而至，如同灵光一闪。有时在你早上醒来时，突然钻进你的脑髓，就像烤面包机里突然弹出面包一样。

这种事情一次又一次地发生，并且会继续下去。因为你付出了代价：关注、热忱、忠诚，以及对惟一知道答案的至高无上的智慧的认可。当你屈服、放弃，当你反复思考后说“在我的内心就存在着知道答案的上帝”，然后答案就会悄然而至。你利用了心中至高无上的智慧、无限存在、无限力量，它与你遥相呼应。所以，关注你内心的上帝，你就会找到答案。

爱因斯坦热爱数学，数学就向爱因斯坦揭示了自身的秘密。爱因斯坦全神贯注于宇宙及其法则，苦心孤诣，于是统一场论就如期而至——像灵光一闪，进入了他的意识、他的理性思维。在时间、空间和第四次元问题上，他付出了关注、热忱和勤奋。他的潜意识通过解释这些学科的秘密与他遥相呼应。

爱迪生反复实验，潜心凝想，解释了电的原理。他怀着强烈的愿望想要照亮世界，造福人类，于是电向爱迪生揭示了自身的秘密。他坚持不懈、坚韧不拔、信心十足，为此付出了极高的代价，他知道答案会如期而至。是的，他也付出了关注和热忱。爱迪生热爱电的原理，拥有无数项发明，因为他以关注、毅力作为代价，全身心地投入到自己的研究项目中去，他知道在自己的心灵中存在着会做出回应的主观的智慧。他锲而不舍，持之以恒，而他的内心的神圣力量也从没有辜负他。

下面是另外一个关于信心如何让一个人获得巨额财富，并通过这些财富帮助无数人增加了他们的财富的例子。约翰·坦普顿爵士(Sir John Templeton)对自己的才能充满信心，他认为自己很有投资理财的天分。现在他九十岁高龄了，打算将自己的余年和几百万美元都投入到寻找与极具信念的科学界人士合作上去。

1963年，约翰·坦普顿爵士加入了英国国籍，在巴哈马群岛定居。因为他在国际金融和慈善方面的贡献，英国女王封他为爵士。

当有人问及他的成功秘诀时，他说：

不管是投资他人的金钱，还是试图理解宇宙的精神原理，我只是利用常识而已。

坦普顿爵士认为，上帝让世界按照基本道德法则运行，如果遵守这个基本法则，就会带来精神上的完善和物质上的富足。他把精神看做需要学习和研究的应用科学，就像机械学或工程学一样。

他认为，现在仍然存在着尚未为人所知的生活的基本精神法则的证据。例如，祈祷在帮助治疗方面所起的作用就是一个例子。他捐赠费用，资助哈佛大学在该领域开展研究。

坦普顿爵士对科学家和很多宗教领袖颇有不满，那些人单纯地指望凭借传统的理念和权威性著作来探寻真理，而不是依靠科学和未来。他坚定地相信，神学会取得进步，就像科学会取得进步一样。"我敬佩所有的宗教，但是，现在人类所掌握的关于上帝的知识连全部的百分之一都达不到。"坦普顿爵士如是说。

坦普顿爵士对于精神问题答案的探索不是新发展的什么业余爱好。早在青年时期，他就认为自己会成为一名传教士。到上大学时，他意识到自己的特殊才能，很快明白在投资赚钱方面他比大多数人更有优势。他说："在我看来，人们似乎都是根据感情和无知而不是常识去投资。"

早在20世纪40年代，他就开始用共同基金来管理别人的金钱。在那个年代，共同基金还是一个相对较新的概念。坦普顿爵士精心打造了这一概念，使之成为今天依然存在的最重要的投资概念之一。

他回忆到，在坦普顿增长基金第一次年会上，与会代表只有他本人、一位兼职雇员以及一位股东。“为了省钱，我们是在一位退休的通用食品(General Foods)主管的餐厅里召开的会议。”

现在，坦普顿基金在全球范围内有600多名雇员、360亿美元的资产。他评论说，美国人在共同基金方面的投资数额大约相当于当初的1000倍之巨。40年前在坦普顿增长基金投资的1万美元到现在已经增值为几百万美元了。

到坦普顿爵士退休之时，即1992年，他卖掉了坦普顿基金公司的利息(估计有4亿美元)，他帮助超过百万的人赚了钱。

在忙于生意的那些年月里，坦普顿爵士没有忽视自己的精神利益。他积极地寻找研究科学和宗教关系的科学家和神学家。1972年，他创设了年度坦普顿宗教进步奖(Templeton Prize for Progress in Religion)，以奖励那些使宗教成为一项“积极的道德力量”的个人。

获该项奖励的人能获得一百多万美元。坦普顿确保获奖者所得到的奖金数额比诺贝尔奖金高，以此说明宗教至少和艺术与科学具有同等重要性。在创立该奖项时，坦普顿说：“宇宙中最伟大的现实是精神的，但是，由于人们经常沉浸在目前的物质环境中，以至于他们意识不到更广阔的、更有力量的精神层面。”

坦普顿宗教奖的目的是关注对上帝认识以及对生活的目的、意义等方面的理解的最新的开创性进步。

“在我们现在所处的时代，有些最有创新性的、激励性的观点表现在精神领域，”坦普顿说，“优先于物理科学发现的精神发现受到忽视，这是不合逻辑的。”

坦普顿宗教奖的得主中有特蕾莎修女(Mother Theresa)和比利·葛培理(Billy Graham)。

在其著作《谦卑的方法》中，坦普顿爵士写道：“在宗教或科学上，成功的钥匙就是谦卑。谦卑是知识的入口。要想知道得更多，我们必须首先认识到我们已经知道的是何其少。我们知道的越多，就越明白自己知道的越少。这恰好给生活添加点佐料……”

在《积极生活》(*Positive Living*)杂志创刊号的一篇文章里，他指出了祈祷对于自己成功的重要性，并写道：“30年来，所有坦普顿增长基金公司(Templeton Growth Fund Ltd.)董事会议都是在祈祷中拉开序幕的。这30年来，股东的投资结果不次于任何上市共同基金。”

有些人坚持说，即使不祈祷，坦普顿增长基金公司也会成功。坦普顿不赞同这一说法。“我的祈祷生活，”他说，“给了我清晰的思路和深刻的洞察力，这些都是我成功的决定性因素。”

“我和我的生意伙伴不会为我们买的某一特定股票价格上涨而祈祷，因为那不起作用，”坦普顿提醒说，“我们只是祈祷我们所作的决定是明智的。”

坦普顿补充说：“如果你尝试通过祈祷与上帝保持和谐的关

系，那你在生活中所做的任何事情都会被证明是最好的，包括你选了哪些股票，这非常可能。我个人与上帝保持和谐，为我的投资作决定的技巧就是做简单的祈祷。‘就这么办’，这帮助我清空脑子里的所有偏见，使我自己能完全敞开心扉去接受上帝的指导。”

“如果你全心全意地努力帮助他人，试图给予别人幸福，你便会在友情、爱、尊重、幸福等方面获得回报，挡都挡不住。你不会因为追寻幸福而获得幸福，只能通过给予而获得幸福。

爱是实现健康、和谐、和平和富裕的法则。爱意味着你怎样为自己祝愿也同样地祝愿别人。当你爱别人的时候，你会向他们传播和平和善意，并沉浸在他们的成功和幸福之中。

我曾经向一位音乐家建议，为了在音乐领域出类拔萃，他可以做如下祈祷：

上帝就是伟大的音乐家，我就是神授的乐器和通道。上帝的灵魂作为和谐、美、欢乐和安宁而流经我的身心。无限存在和力量经过我而演奏永恒的爱的乐章和悦耳的旋律。当我演奏时，我奏响的是永恒、惟一的上帝的旋律。我受到来自天国的鼓舞，我用音乐演奏出宏伟庄严的韵律，揭示了上帝永恒的和谐。

几年之内，他取得了显著成功。他付出的代价是对永恒存在的关注、尊重和热诚，所有的神恩都源自于永恒存在的上帝。

一个入不敷出的人必须付出代价。这个代价不是艰苦卓绝的劳动和挑灯夜战的勤奋苦读，而是将你的财富理念嵌入你的潜意识。你会因为正确的意识而获得一切,你能一天工作十四五个小时。但是,如果你的意识不是那么高效多产,那你就会劳而无功。想一想,你的意识是高效多产的吗?智慧是你意识到内心的上帝存在和力量。理解就是使用上帝智慧和智力来解决你所遇到的各种日常问题。上帝的王国就在你的内心,智力王国、智慧王国、力量王国、美的王国等等,都在你的内心。因为上帝存在于你的内心,上帝的一切就是你的一切。

你一天能工作十四五个小时,但是,如果你心绪不宁,不是充满着诚恳、热诚和善意,那你就会劳而无获,因为信心是通过爱而显效的。你可以在你特别擅长的工程学领域、科学领域、艺术领域、工业领域或商业领域表现出极大的信心,但是,如果你缺乏热诚、真诚、善意以及好感,你就会栽跟头、吃苦头,不是吗?

无限智慧和无限上帝的力量就潜藏在你的内心深处,你可以得到上帝无限的真理。如果你只是收听上帝的真理并因此而快乐,无限上帝的精神就会向你揭示你需要知道的一切。因为上帝就是精神,崇拜上帝就是崇拜上帝的精神和上帝的真理。崇拜就是将至高无上的关心、忠心和热心都奉献给你内心惟一的存在和力量。

所以,你看,当你意识到只有一个力量,并且这一力量作为统一而发展,作为和谐而发展的时候,一切邪恶的根源便不复存在,因为你已经在你的内心给予了惟一存在和惟一力量以最崇高的地位。上帝的王国就在你的内心,你内心的上帝王国就意味着无限智慧。

理查德·D,我的圣会的会员,曾经深受巨大的经济损失之苦。他祈祷上帝的指导,请求上帝的创造智慧给他指点迷津,指导他该采取什么措施才能在生活中获得进展。他感到强烈的第六感在牵扯着他,那就是去大沙漠。他在潜心凝想的时候,脑子里闪过了一个念头。他把这个想法对一位在洛杉矶(Los Angeles)经营一家很成功的房地产公司的老朋友说了。理查德告诉朋友说,自己预测到沙漠地区具有巨大的潜力。他设想着人们离开洛杉矶,走出东部,住进现在还只是一片不毛之地的沙漠地区。在他的心目中,他仿佛看到人们在那片沙漠地区建造家园、医院、学校等各种设施。他的朋友雇用理查德为销售员,为那片沙漠地区的发展做宣传。他成功地成为那个朋友的房地产公司的合伙人。现在,他已经成为房地产界声名显赫的百万富翁了。

每个人都带着与生俱来的直觉才能。理查德是跟随内心直觉的引领去行动的。他认可上帝并能遵从上帝的指引,他为此付出了代价。惟一的事实是,你希望得到应答,而应答已经存在于你的心理和精神世界,你在这个世界里生活、发展并存在着。是的,上帝作为一个理念而存在。在宇宙中只有一个原则、一个原型、一个模式,一切事物都来自这些不可见的存在。你现实的存在就是那个不可见的自己的体现,整个世界也是这样。在此再一次提醒你注意,你在上帝的世界里生活、发展并存在着,同时上帝也在你内心生活、发展并存在着。

上帝是赐予者,也是礼物。你一定要做一个好的接受者,去接受礼物。很多人不太擅长接受礼物,他们说:“好东西不是为我准备的，是为别人准备的。”你知道的，一切都赐予你了。上帝本人就居留在你的内心，整个世界都是你的。不管是好人还是坏人，太阳都一样会照耀在你身上；不论是善还是恶，雨水都一样会打落在他们头上。数学家告诉我们，在热带地区坠落枝头的水果足以喂饱全人类，可惜那些水果掉在地上，腐烂了。走出心灵中的沙漠，灌以清泉，这里便是思想的沃土。你会想到价值连城的非凡创意、创造性的想法。没错，你会想到的！但是你必须要付出代价：认可。

你可能是一位速记员、销售代表、业务经理、化学家或者医生。但是，你说：“我内心的无限精神向我揭示了更好的方法，我可以用这种方法更好地去服务社会。上帝的创造性想法展现在我的内心，向我揭示去完成伟大事业和服务于人类的崭新的、更好的方法。”新的想法会如期而至，是的，源源不断的创意。如果你这样祈祷的话，奇迹就会发生。但是，记住，你必须认可上帝就在你的心中。你必须召唤上帝，你必须对上帝有信心，而不只是默默地等待。

几年前，我参观了在加拿大阿尔伯达的一个公园酒店。该公园酒店是一个非常美丽的地方。酒店里的男女服务员、其他工作人员均来自加拿大各个大学。其中的一名女服务员有一个使她十分困惑的问题。我建议她在晚上睡觉前把这些困惑移交到自己意识的深处。我说：“你必须认识到上帝只是知道答案，你要带着信心和理解去向上帝寻求帮助。你要求，上帝就会回应。你必须付出你的真诚。”以信念和真诚的代价，承认上帝存在于你的内心。当你拧开水龙头的时候，你期待有水汩汩流出。你付出了代价，那就是你相信会有水流出，然后你用手指旋开水龙头。于是，她对她的内心深处说：“向我揭示答案吧。我知道只有你、万能的上帝知道答案。”带着这样的祈祷，她平静地睡去。

第二天，她收到了一封来自安大略的电报，电报解决了她的问题。她必须付出代价，去思考答案，因为她知道答案是确实存在着的。她关注自己的内心，于是在早上就收到了回应。

你必须先做些什么，然后答案才会出现。是的，上帝掌控着宇宙，上帝指导着各大行星按照各自的轨迹运转，让太阳普照。上帝在你的身体里运作，当你酣然入梦时，他来呵护你。你必须做些什么，你必须开始运用它，召唤上帝，上帝就会回应你。如果你没有召唤上帝，如果你没有认可上帝，如果你不信仰上帝，那就好像上帝不存在一样。因为除了经过你自己的思想、你自己的想象、你自己的信念和信心之外，上帝无法赐予你任何事情。

有人告诉你，去获得智慧。在你所有的获得中，首先是理解。例如，有一位医生百瑞·P(Barry P)，很有智慧。百瑞是一名年轻的实习医师，他想当外科医生，可是他有一个严重的问题。他非常容易紧张，一紧张他的手就会发抖，于是便下定决心改正这个毛病。为了让手稳住，他端着一个装满水的大平底玻璃杯，来来回回上上下下地爬楼梯，每天半小时。经过几周的练习以后，杯子里溅出的水越来越少。他练习了六个月，终于可以拿稳了。他付出了代价。百瑞成为了一名很了不起的外科医生，但是，首先他付出了代价：关心、耐心和诚心。渐渐驱逐紧张情绪。现在，他端一杯水，即使水满至边缘，也不会溅出一滴。

在练习了一段时间之后，你会放弃吗？你会不会开始感到厌烦，说“天哪，我再也受不了了”？你知道，百瑞想成为一名优秀的外科医生，他必须为此付出代价。你不想在做手术的时候手发抖吧？你一定是想成为一名沉着、镇定的外科医生；你希望有娴熟的技术和不凡的智慧。百瑞成了一名技术娴熟的眼科专家。他能借助激光束分离视网膜，并在一两分钟内使之愈合，还有白内障的手术他也做得非常漂亮。他为此付出的就是关注。对于研究和应用，他全心投入，并十分着迷。现在，他成为一位了不起的外科医生。他被派往阿拉伯、英格兰、爱尔兰等不同的国家和地区，去进行科研讨论和医疗帮助。他并没有祈祷财富或金钱，这一点是毋庸置疑的，但是金钱却滚滚涌来，因为他有娴熟的技术、过人的智慧、灵巧的双手。

你可能会遇到你不能解决的机械方面的问题。你求助于在机械方面有特殊智慧的熟练的机械师，他查看了问题，立刻找到了症结所在，问题迎刃而解。他可能是研究机械学的，也可能他只是深深热爱汽车和汽车零部件，并且对此非常用心，自己进行研究并实际应用。他可能拆开了汽车，读透了所有的安装技巧和操作方法，现在他已经掌握了高超的技艺。

普遍生命法则正通过你来传递愿望，因为上帝是通过愿望与人们交流的。你的愿望是比现在更优秀，你渴望健康、爱、安宁、和谐、富裕、安全。这样的愿望，是正常心理的表现。你的最终愿望是与上帝的意识保持一致——瑜伽派中称之为“奉爱”的修行。这一生命法则将会向你揭示实现梦想的方法。上帝知道怎样实现你的梦想，但是你必须敞开你的心灵，全心全意地接受永恒惟一的上帝赐予你的礼物。

将所有的先入之见、错误信仰和迷信想法驱逐出你的心灵。意识到，在你呼唤之前，上帝就会回应。你还没有开口说话，上帝就已经听到。这意味着你必须命令你的心灵和思想与古老的真理保持一致，因为不管你追求的是什么，一切都已经在上帝的无限意识中存在了。一切都已经存在了，所有你要做的事情就是从心理上和情感上认同你的愿望、你的思想、你的计划、你的目的，意识到这一切就像你的双手或你的心脏一样真实。

例如，你可能在心里想到了一个新发明，你还没有把它落实在图纸上，你还没有画出图示。一个具有很敏锐第六感或是有超强洞察力的人，可能会描述出那个发明。为什么？因为它已经在你的心里了。你已经和那个敏感的或有灵性的人达成共识了，他们能够描述它。这一切都因为它已经存在了。就像当你畅游在自己的遐想中，所有的祈祷都已实现，你会客观地感受到现实存在的快乐。

就发明者来说，发明就和它的客观对象一样真实。这就是为什么从主观上来说，你的愿望或新的工程也都是真实的原因。新书、新剧，它们在哪里呢？在你的心里。这都是真实的。它们有形式、有形状、有实体，它们在心灵的另一个维度里。

在阿尔伯达那个酒店，我看到有个女孩跳舞。从她的舞姿中，很容易看到洋溢着上帝的智慧、智力、秩序、节奏。用她自己的话说，她是为上帝而舞的。她因为优美的舞姿获得了雷鸣般的掌声，那就是智慧。你看到了美、秩序、对称、比例、优雅、魅力，这一切都是智慧。她应该获得这些赞誉，因为她的舞姿优雅、灿烂，节奏感强。她告诉我，她的老师曾经对她说，一定要祈祷上帝是在通过她而跳舞，上帝的美、秩序、比例、智慧总是通过她的舞姿而表现出来。

挣扎和跋涉不是答案，尊重无限上帝，与上帝的无限力量保持联系，才是惟一的答案。

亨利·翰龙(Henry Hanlon)是英国出版物《思想评论科学》(Science of Thought Review)的一位编辑，曾经一度经济拮据。有一天，在回家的路上，他行走在雪地里。他突然意识到，财富、爱、善意就像数不胜数的雪花飘飘洒洒，落在整个伦敦。他说："在意识到上帝无限财富的那一刻，我打开了心灵之门，我知道上帝的财富、爱和灵感正降临到我的身心，就像无数的雪花飘飘洒洒，落在整个伦敦。"

从那一刻起，财富就源源不断地流向他，自由地、欢乐地、无穷无尽地流向他。此后的人生中他都没有再受财富匮乏之苦，因为他改变了想法。根据他心里的变化，财富于他也发生了相应的变化。伦敦的雾、伦敦的雪、伦敦环境中的一切都没有发生变化。办公室还是原来的样子，一切都是原来的样子，但是翰龙改变了，他发生了本质变化，他成为生活中收获财富的媒介——精神的、心理的、各个方面的。

天底下没有不劳而获的事。你必须付出代价，当然，这个代价就是关注。关注音乐或电，关注你的生意或者你的工作，关注任何事情，关注它，热爱它，作为回报，它会向你揭示它自身的秘密。要热爱这一真理。

如果你有一些强烈的渴望，一切内在意义都会展现给你，不管是在内部展现还是由外在的老师揭示给你。这有什么不同吗？所有的智慧都在你的内心。你只要意识到无限上帝就在你的内心，智慧就会传递给你。

智慧是最重要的事。智慧是在你内心起作用的存在和力量。你所得到的一切，就是告诉你去接受和理解。

报纸上曾经刊登过一篇关于莫德·塔沃尔(Maude Towle)的有趣文章。在103岁高龄时，塔沃尔还经常展现出年轻人的活力。文章中是这样描述的："她从可乐瓶底一样厚的眼镜后面偷偷地窥探，踱着小碎步行走在街头，缓慢的步伐令她喜悦，并使她那骄傲的自尊心得到满足。"对于大多数她这个年龄的人来说，骄傲和欢乐意味着拥有曾孙或曾孙女，或者曾曾孙辈孩子，含饴弄孙。但是对于这位103岁的老太太来说，她生活中最伟大的事情就是开她的车，一辆小电瓶车。尽管她已经退休38年了，她最近还是通过了加利福尼亚州更换驾驶证的测试，这是她连续11年参加测试并通过。莫德·塔沃尔是美国十大年龄最大的驾驶员之一。但是，这只是故事的一部分。

103岁的莫德·塔沃尔仍然像大多数65岁的人一样精神矍铄。她在一家房屋抵押公司负责处理还款的工作，一周工作7天。这是多么令人惊叹的事情啊！“我永远也不会退休。”她说，“因为如果我退休了，我就会挨饿。现在，即使像我这样的一个老人，他们也不会付给我足够的社会保险金供我吃饭。这么做我不必对任何人感到歉疚。我以我自己的方式活着，干我自己想干的事情，不用听别人对我指手画脚。”塔沃尔夫人住在英格尔伍德(Inglewood)的公寓里。她最好的朋友和始终如一的伙伴爱妲·葛莉桑(Ida Gleason)，住在附近的公寓里。葛莉桑夫人是另一个老顽童，她只有93岁，她们每天驾车穿行在英格尔伍德熙熙攘攘的街道上，去市场、银行或者当地的公园。她们喜欢在公园里打发时间，坐在树荫下打牌。

1965年，塔沃尔夫人在丈夫去世后开始开车。从那时起，她和爱妲·葛莉桑就开始了独立的生活。塔沃尔夫人说，她没想过任何其他生活方式。“我没有赚别人的便宜，”她说，“我得到的一切都是自食其力挣来的。我一直在用自己的方式生活，并且过得不错。”

但是，塔沃尔夫人最喜欢的还是她的汽车—— 一辆擦得锃光瓦亮、白褐色相间的双座电动汽车。这辆车每小时只能跑20英里，不过它看上去感觉快多了。她每次都仔细地给她的车罩上遮光防雨布，所以这辆行驶了4年的车，看起来还像新的一样。这项工作大约花费她10分钟的时间。然后她打开车锁。她同样小心翼翼，以确保油漆不会被刮掉。最后，她坐到驾驶座位上，葛莉桑夫人坐在她身边。随着轻轻的汽车发动的嗡嗡声，塔沃尔夫人和葛莉桑夫人驶向街道，又开始了忙碌的一天。

故事非常有趣吧！塔沃尔夫人热爱生活。她付出了代价，她热爱生活，她享受生活的乐趣，而对施舍物或诸如此类的东西不感兴趣；她乐忠于奉献社会，对生活充满深深的眷恋。多么值得关注的事情啊！安宁、幽默、乐观，是使你永葆青春的秘诀。

你知道，耐心永不会老去，爱心永不会老去，欢乐永不会老去，和谐永不会老去，笑容永不会老去，善意永不会老去，温和与善良永不会老去，同情和理解永不会老去。这些都是永恒的！生活的原则永不会老去。它从没有诞生，也永远不会消亡，水不会将它濡湿，火不会将它烧毁，风不会将它吹走。

所以，你内心的生活原则是永恒的。当我们抱怨生活辛苦时，就会变老；感到愤懑、心有怨恨，就会变老；当心中充满了自责和创伤，我们也会变老。不管岁月如何增长，只要存在着这些情绪和思想，它们就会腐蚀我们的灵魂，使我们变老。

下面是一个人付出代价的例子。是的，他热切地追求自己的愿望，并且有着浓厚的兴趣。幻想让詹姆斯·瓦特(James Watt)，即蒸汽机的发明者，获得了一个改变世界的创意。“我是从外部世界获得发动机的，”他说，“我没有创造蒸汽机，我只是接受了它。”瓦特于1736年出生在苏格兰，没有受过什么正式的教育，靠在格拉斯哥(Glasgow)做修理工谋生。“我几乎什么样子的机械设备都会修理。”瓦特曾经说过，“1764年的一天，有一位顾客带了一个坏了的发动机，来到我店里。这一个小事件彻底改变了我的生活。那是一种新型的普通发动机，非常简陋的蒸汽发动机，偶尔用在矿上往外抽水，但是功效不大，因为它耗能大、功效低。”当瓦特修理发动机时，他在心里构思着一种完全新型的蒸汽机，这种蒸汽机能够克服新型普通发动机的所有缺点。但是他缺乏将创意转化为现实的理论知识。1766 年 5 月，一个星期六的下午，他在格拉斯哥公园里一边散步一边思考着发动机的事情，突然脑子里灵光一闪。

“在脑海中，我看见了蒸汽机的全部细节。还没有走出多远，蒸汽机的全部结构就都已经在我脑海里安排好了。”第二天早上，他照常去上班。在不到 12 个小时的时间里，他造出了一个新的发动机。能有效地利用蒸汽产生动力。1781 年，他获得了该项发明的专利权。1782 年因为该发明的改良，他又获得了另外的专利。从 1782 年起，这项发明就几乎没再有什么变化了。

不久，瓦特的发明就在工厂得到应用，代替了动物和人力，从而引发了第一次工业革命。那就是我为什么对你说，拥有创意就是拥有一笔巨大的财富的原因。当你拥有一个好的创意时，你需要付出更多的努力。詹姆斯·瓦特付出了代价，他付出的是关注、兴趣和精力，并确定自己会成功地发明能造福人类的发动机。

生活中，存在很多有助于个人成功的品质。比如好的家世背景，能提供良好环境的国家或社会阶层；或者天赋异禀，有超乎常人的体质或智力等等，但是这些都不是我们所能控制的。真正起作用的是那些我们能够把握，并为其付诸努力的因素。在所有这些中，没有比坚持不懈更重要的品质了。你可以从图书馆的书架上随机取出任何一本传记——一本对人类作出永久贡献的人的传记。他们中有些人才华横溢，有些人表现出非同寻常的恒心。我们以阿尔伯特·爱因斯坦为例。在小学时，爱因斯坦是个很不起眼的学生，有一次，当他父亲问校长，爱因斯坦应该在哪个领域进行追求、探索时，校长说："这真的不重要，因为他在哪个领域也不会有所成就的。"后来，爱因斯坦成为20世纪最重要的知识巨匠之一，他可能是有史以来最伟大的物理学家。这主要得益于他对科学的坚定信念和不懈追求而不只是简单的天赋。

类似的例子比比皆是。温斯顿·丘吉尔做学生时反应很迟钝。作为一名政府公职人员，他的政治生涯也非常坎坷。直到二战期间，他的大部分目标和梦想都没能实现。但是，他一直保持警醒的头脑和旺盛的精力，时刻准备着迎接突然来敲门的机会。直到66岁，机会终于来敲门了，他以绝对的选票优势当选了英国首相。1941年，在一个大多数人都已退休的年纪，67岁的他以英国首相的身份，不仅集合了英国的公民，而且号召了整个西方世界的民众。因为他坚忍不拔的毅力和超强的信念，他被人们评为20世纪最伟大的政治领袖。

他为此付出了代价。他有关心、热心、忠心、恒心以及持之以恒、决不放弃的信念，有不达目的决不停止前进的品质。最重要的是，他始终坚信无限存在的力量会回应他。

同样，美国一位伟大的政治家的人生经历，也是一部历尽磨难而不懈拼搏并最终走向成功的精彩传记。21岁，他做生意失败；

1833 年，在州议会中遭到挫败；1834 年，他被选为州议员；1835 年，爱人去世；1836 年，精神完全崩溃；1838 年，努力争取成为州议会的发言人，失败；1840 年，争取被选举人资格，失败；1843 年，参加国会大选，又落选了；1846 年，终于在国会选举中胜出，但只任期一届；1848 年，在国会选举中再一次落选；1855 年，竞选参议员，落选；1856 年，竞选副总统受挫；1858 年在参议院竞选中再次受挫。最后，1860 年，他终于当选为美国总统。这就是亚伯拉罕·林肯(Abraham Lincoln)一生中所经历的磨难的一小部分。

富兰克林·罗斯福(Franklin D. Roosevelt)是美国历史上惟一蝉联四届的总统。因患脊髓灰质炎，导致下肢瘫痪，有很长一段时间，他都是坐在轮椅上带领他的国家对抗那场惨烈的战争以及战后漫长的恢复期的。他伟大的力量之一就是极具号召力的公众演说，特别是在美国民众能直接从收音机里收听到他演讲的那段时期。这些著名的炉边闲谈听起来都不很正式，像是些即兴谈话。但是在海德公园(Hyde Park)，纽约市的一个玻璃橱窗展馆内，向世人展示着罗斯福的一篇著名演讲稿的九篇草稿。第一稿很粗糙，第二稿有所改进，第三稿又有很多改进。在第九稿和最后一稿定稿前，第八稿中只改了一个字。“区区琐事，”米开朗基罗说，“成就了完美。但是完美本身，却不是琐事。”

可能，你认为这些都是炉边闲聊，他只不过是穿着短裤、T 恤在即兴演讲。不！想一想几个小时，甚至可能是几天，那些专家和聚在一起给他搜集资料和信息的智囊团，他们一起集思广益，将演讲稿整理出初稿；然后他一遍又一遍反复地检查修改。这就是完美，不是吗？完美不是琐事，当然罗斯福的演讲每次都能产生巨大的影响。

丘吉尔也是一位极具吸引力的演说家，他好像完全是即兴演讲，不用讲稿。但是，他的一个传记作者作了更正，说温斯顿·丘吉尔爵士将生活中一大部分时间都花在即兴演讲的准备上。我听过丘吉尔的一次演讲。你可能会认为他是即兴演讲，就如他们所说的即兴思考。不！在这“即兴”的背后有好几天，甚至好几周，他会在地板上踱来踱去。我们可能被当成听众，也可能是他在自言自语，这样花上好几个小时的时间，来润饰演讲，使之完美。

是的，这都是在重压下奋力前进的结果。世界上没有什么能够代替坚持不懈，天生的才能也不能代替。有才华却没有获得成功的例子司空见惯。天才不是万能的。一事无成的天才几乎都被人们拿来当成笑谈了。单独的教育也不能代替坚持不懈，世界上受过教育的弃儿也多不胜数。毅力和决心才是永恒不变的真理。

在这里，大家一定要谨记：他们付出了代价。他们付出的是毅力、恒心、决心、关注。因为关注是生活的关键，是成功的钥匙！关注是精神上的注意。当你为伟大的真理付出关心、热心和忠心时，想想在你的生活中可能会发生的奇迹。但是，在你将力量施加给棍棒、石头和其他创造物时，在你将力量施加给擦肩而过的行人、天气、沙滩以及其他一切事物时，请放眼四顾，看看你所拥有的众神灵。一种条件不会创造另一种条件，一种环境不会创造另外一种环境。将力量施加于其他，意味着你不愿意付出代价，因为代价就是惟一的力量、惟一的存在、惟一的源泉、惟一的实体，此外，别无其他。一旦你觉悟出这一点，你就成为了一个真正的真理追求者。是的，你只有在觉悟的那一刻，真理才会偏向你。

你心甘情愿付出代价吗？你必须付出代价。那样你才会受到启蒙，然后你才能自由。只有一个存在、一个力量、一个源泉、一个实质。

有人问特洛奥德（Troward）法官："如果所有的黑魔术师都祈祷反对你，用祈祷死亡的经文滔滔不绝地诅咒你，你会怎么办呢？"他回答道："我会说，那就像公鸡啼叫一样自然。"当你能得出这样的结论时，那将是何等的奇妙啊！

为什么？因为他知道力量在哪里。那些施咒的人不会获得力量。如果你接受暗示，暗示就是一种力量，但是它不是上帝的力量。上帝的力量是作为统一体运动的惟一的力量。上帝没有分歧或者争吵。上帝的精神怎么可能与自己抗争呢？无论在世界上的任何一个地方，上帝精神怎么可能产生内部矛盾争吵不休呢？上帝精神是伟大的真理和永恒的朋友。

"我，你们的主，是一个嫉妒的神。"在这里，"嫉妒"的意思是你不能同时信仰其他的神灵，而不是人们日常表述中所指的嫉妒。因为你给予任何其他创造物力量的时刻，你的思想就产生了分歧，意识不能集中，在各个方面都不稳定。心绪不宁的人没办法提要求，就像在本章中提到过的那位妇女，她抱怨自己的病症是因为丹佛的气候，因为基因和染色体，因为遗传，因为太阳，抱怨一切。但是原因一直就在她的内心。她意识到并尝试去付出代价，然后得到了治愈。

你是想说:这对我来说很困难吗?想说上帝的能力有限,不能拯救我了吗?注意,每一个人都要付出代价,那个代价就是关心、认可、接受、信念。你也可以付出代价。你所要做的就是呼唤上帝,上帝就会回应你。上帝是客观的,对所有人都一视同仁。

让我们凝思一下这些伟大的真理。上帝根据他的财富和荣光,将会赐予你所需要的一切。你的力量就在安宁和信心中,上帝慷慨地赐予我们一切供我们享用,与上帝同在,一切皆有可能。

“在他们召唤前我会回应,在他们开口要求前我会听到。根据你的信心,你会得到。如果你相信,你相信的一切皆有可能。他呼唤我,我回应他。陷入困境时我与他同在,我会交付给他智慧,给他荣耀。主就是我的生活、我的救援,我有何惧怕?主就是我生活的力量,我还会惧怕谁呢?你心中的上帝在指引你。”

小结

没有任何东西是免费的。如果你想富有,那你必须为富有付出代价;如果你想成功,那就要为成功付出代价。不管你的愿望是什么,你必须付出你的关心、热心、诚心,然后你才能得到回应。任何事情总是要付出代价的,天下根本没有免费的午餐。这个代价就是认可,这个代价就是你的信仰、你的信念。

学习任何科目,都需付出关心、热心和诚心,这样它就会以揭示自身的秘密来回报你。如果你对某一特定学科关注不够，不管是化学、物理还是数学，还是你投身的工作或正忙着的生意，毫无疑问，就这一具体项目而言，结果你依旧会在一片黑暗中。

为了收获，必须首先把想法传输给你的头脑意识。在获得财富之前，你必须首先给你的潜意识留下财富的印象。不管你在潜意识上留下什么，它都会在大脑中的空间屏幕上显示出来。要知道，你只是通过正确的意识而获得财富。不管你想获得什么，你必须将心理等价物建筑在你的心理之上。

将所有的先入之见、错误信仰和迷信想法驱逐出你的心灵。意识到，在你呼唤之前，上帝就会回应。你还没有开口说话，上帝就已经听到。这意味着你必须命令你的心灵和思想与古老的真理保持一致，因为不管你追求的是什么，一切都已经在上帝的无限意识中存在了。一切都已经存在了，所有你要做的事情就是从心理上和情感上认同你的愿望、你的思想、你的计划、你的目的，意识到这一切就像你的双手或你的心脏一样真实。

智慧就是在你内心起作用的上帝的灵魂和力量。在任何方面都要承认上帝，他会让你诸事顺遂。相信上帝，信仰上帝，他会带给你智慧。

第七章　为什么这事发生在我身上

能为别人的咨询提供帮助是一份极大的荣誉，人们经过深思熟虑后将隐私和秘密告诉你，这是建立于极大的信任之上的。这一特权从不会被滥用。这是能给人以启发的经历，无论是对接受劝告者，还是对劝告者来说，它总是让人满怀希望。因为它揭示了一种模式：每个人都会遭遇到普遍的、普通的、常见困难的模式。

在非正式的、没有指责或斥责之类的谈话中，信念的概念迟早会成为会话的主题，因为它是充实的生活的关键所在。

在所谓的"新思想"运动中，那些资深人士听到显而易见的简单真理（经常听，他们就厌倦了，不再当回事了）时，经常深感失望。他们的回答总是千篇一律："噢，是的，那完全正确，我很多年以前就知道了。它棒极了！但是我的问题复杂多了，并非用这么简单的一条真理就能解决的。”

然后，尽管他们用心良好、热爱上帝、有虔敬的崇拜感、渴望得到更进一步的指点，然而各种各样的复杂问题还是层出不穷：伤心欲绝、失业、困惑、孤立感等等，不一而足。如果令人敬畏的真理、通往上帝王国的关键、最本质和最基本的基础“根据所持有的信念来执行”太简单的话，那么同样有必要提出建议，这些问题太简单了，过于简单化了。

有人会带着问题找上门来，咨询你，即使你把问题解决了，但是仍然心存困惑：“明天会怎样呢？所有的明天又会怎样呢？”为了找到答案，脑子里经常是一团乱麻，理不出头绪。他们既担忧过去，又恐惧未来，整天惴惴不安，而且情绪容易大起大落，前一秒还兴高采烈，后一秒便绝望至极。永远也解释不了为什么总有问题发生，并且数不胜数。

所以当有人问“为什么这事发生在我身上”时，他们的问题往往有点棘手，有点复杂。“为什么我的生活因为不幸和无休止的厄运变得如此复杂？”“为什么”一词的全部涵义是：它是最古老的、最普遍的呐喊，它是一个寻找长期答案和心里永久宁静的祈求，它是一个呼吁灵魂安宁的祈祷。因为一旦拥有了宁静的心灵，在我们个人的世界里，其他一切都是合适的。

“为什么”是渴望真理治疗的慰藉，古已有之。从根本上说，它是我们的追求，也是我们对弥补的渴望——渴望保证，渴望安全，渴望实现与上帝的和解。去实现愿望，使愿望“成为现实”；去经历生活，生活在我们自觉的意识中。这种意识是我们天生的、真正的性情，也就是作为我们所钟爱的、活着的上帝的儿女这样一种意识。上帝，众生之父，似乎让我们遭受了不计其数的艰难困苦的折磨。虽然我并没有以任何方式来缩小我们所受到的折磨，但是，确实存在着一个最基本的、最基础的混乱状态，那就是一种与普遍的、一切最初根源，即起源——“众生之父”，我们称之为“上帝”——的疏离感。一旦我们接受了这种感觉，在其他方面，那种与最初、原初根源的疏离感就可以解决了，恐惧就会像黎明前的黑暗那样逐渐消失。

在亚洲的某个国家，有这样一个传说：一位农民去找村里的一位智者，告诉他自己的生活情况。他告诉智者自己的境遇有多艰难。他不知道该怎样打理好生活，想放弃了。他已经厌倦了不断地挣扎和拼搏。因为在他看来，一个问题解决了，新的问题又出现了。听完农民的诉说后，智者让他去湖里提一桶水回来。然后智者将水分别倒进三个壶里，又将三个壶分别挂在钩子上，架起炉火烧起来。不久，三壶水都开了。在第一个壶里，智者放进了一捆胡萝卜，在第二个壶里放进了几个鸡蛋，在第三个壶里放进了一把茶叶。

壶里的水开了半小时后，智者把壶从火炉上移下来。他把胡萝卜拿出来放在碗里，把鸡蛋也拿出来放在另一个碗里。最后，他把茶水倒进第三个碗里。智者问农民：“告诉我，你看到了什么？”“胡萝卜，鸡蛋和茶水啊。”农民回答。智者说：“拿起胡萝卜，告诉我，你有什么感觉。”农民拿起胡萝卜，说：“胡萝卜变软了。”然后智者让农民拿个鸡蛋打开。农民把鸡蛋壳剥掉后，看到鸡蛋变硬了。最后，智者让农民喝口茶水。农民尝到茶水的醇香，露出了满意的笑容。农民问：“这是什么意思？”智者解释说，胡萝卜、鸡蛋、茶叶，每一样东西都面临着同样的困境，那就是滚烫的开水。每样东西对沸水的反应却不一样。胡萝卜原本很结实、很坚硬，但是，遭受了开水之后，它变软了，变得很软弱；鸡蛋易碎，它很薄的外壳保护着柔软的蛋黄，但是开水使它里面的蛋黄变得坚硬。最特别的就是茶叶了，放进开水以后，它把水改变了。

“你属于哪种情况呢？”智者问农民：“当逆境敲你的门时，你作何反应呢？你是胡萝卜，还是鸡蛋、茶叶呢？”当你面对生活中出现的问题时，问问你自己：“我属于哪一类？我是看似结实，但是在痛苦和逆境面前就变软弱、失去力量的胡萝卜，还是原本带着一颗脆弱的心、不安的精神，但是在经历失业、破产、经济艰难或者一些其他考验之后，变得坚硬、顽强的鸡蛋呢？或者像茶叶那样改变了开水，改变了外部艰难的环境带来的痛苦呢？”水热了，茶叶就发出醇厚的芳香。如果你像茶叶，那么当境况更恶劣的时候，你就会变得更加优秀，能改变你周围的环境。最黑暗的时候就是考验最严酷的时候，你将自己提升到另一个层次了吗？你如何应对逆境？你是胡萝卜，还是鸡蛋、茶叶呢？

上帝的计划是让所有的人都享受足够的幸福，以使他们生活甜蜜；让他们经受足够的考验，以使他们坚强；让他们忍受足够的痛苦，以使他们有同情心；给他们留有足够的希望，以使他们幸福。

最幸福的人不一定拥有最好的一切，他们只是充分利用他们自然遇到的一切事情。最光明的未来总是建立在被遗忘的过去之上。在生活中，如果不能放开过去的失败和痛苦，你就不能迈步向前。

当你出生的时候，你哭着，而你周围的人却都在笑。在你生命终结的时候，惟一微笑着的是你，你周围的人都在哭。你可能想把这样的信息传递给他们——传递给那些对你来说很重要的人，传递给那些与你生活发生这样或那样种种联系的人，传递给那些当你真正需要时，对你微笑的人，传递给那些当你意志消沉时，让你看到事情光明的一面的人，传递给那些你感激他们友情的人，传递给那些在你的生活中具有重要意义的人。

通过信念，你塑造、形成你自己的生活、命运。这些关于我们存在的基本真理和事实的言论揭示了我们意识中的转变性的、至关重要的能力和潜力。这是你个人的转变。如果有人声称这一过程"太简单"，我想提醒他们，他们可能把"简单"和"容易"混淆了。

从理论上来说，它们很简单，就像任何研究或者学科的理论一样简单。应用理论需要你付出相当大的注意力、实践、决心或耐心，以及责任感和自主性。它所要求的时间长度与个人兴趣的强烈程度相一致。你可以把转变过程、意识的更新理解为艰苦的工作，你可以仔细研究最激动人心的、至关重要的阶段，你也可以在每个阶段、每个方面和每一兴趣点上度过一生最愉快的时光。

人们经常在最初的热情爆发之后，兴趣和耐心逐渐消失，感觉良好，沉浸于彻底的自由中。有些人不愿意听到责任这样的字眼，不喜欢有人提醒简单的真理，但这是打开你内心王国之门的第一把钥匙。

古老的、神圣的智慧大师是生活和真理的老师，即永恒不变的真理说过："不管是谁，只要用心灵、用精神、用激情大声呼喊，天堂里的天使就会喜悦无比。"为什么？如果想理解这个混乱的、令人困惑的世界，每个有理性的、有智慧的人，无论男人、女人、大人、小孩，迟早都会作出这样的发问。我相信，这可能是最健全的、最有益于心智的问题。

很多人确实在脆弱稚嫩的童年期就开始思考这样的问题了。有些人则通常是稍晚一些，经受过挫折的磨炼后，便不再沉迷于幻想，或者是在他们幻想美好世界的理想或雄心破灭之后。什么时候提出这样的问题并不重要。重要的是，我们既然提出来了，那这些问题就是存在于我们心底的最深沉的愿望和渴望。毫无疑问，天使自然会欢欣无比，因为他们知道，人们又开始了一段令人沉醉的生活旅程。这样的回归，就是神圣的上帝在他们内心中的觉醒，他们意识到自己是谁，意识到一直以来自己在上帝强壮而慈爱的心中存在，意识到自己的生活就像地球上所有的能量和力量都会欣然来给他或她提供帮助。

那么，这些在天堂里"欣喜无比的天使"会是谁呢？"angel(天使)"一词源于希腊语"angelos"，意为"上帝的真理的信使、女神"。希伯来语中的天使是"malach"，该词也被译成"信使"。《圣经》上说：

看呀，我将传我的信息与你，他将在我面前为我打开通路：你的主，你努力找寻的主，将至他的圣殿；还有信使，他为此而喜悦无比。象征正义的太阳将冉冉升起，天使的双翼将为你治疗伤痛。

当一个人得到充分的发展，即心甘情愿、用心去倾听古老熟悉的真理，而古老熟悉的真理让人耳目一新时，毫无疑问，天使将会欣喜无比：上帝的信使出现了，他将和心灵对话。古语说得好："学生准备好，老师早来到。"天使出现的形式多种多样：老师、课本、演讲、内科医师（医治者），或者只是一次"意外的闲谈"。

不管天使以什么样的形式呈现，充满热情地去迎接天使，去聆听天使的教诲。你渴望听到真理，你已经苦苦求索多年。所以，现在既不要拒绝天使的外在形式也不要排斥其本质的信息内容。即使信息本身可能从根本上与你曾经听到过的甚至你所深信不疑的理念有天壤之别。

天使就是救星，是传播真理的精灵："你应懂得真理，真理给你自由！"当然，天堂里的天使会欢欣无比，因为他们知道又有人为自由的精神做好了准备。

上帝永远不会改变。上帝永远掌握真理，永恒的、无限的真理。读一读下面的内容："上帝就是爱。你属于上帝，孩子。我们热爱上帝，因为上帝首先热爱我们。"无限的、绝对的上帝只会给我们爱。上帝之爱就是："释放爱，赐予爱；爱就是上帝的灵魂。"上帝所赐予的就是：上帝知道，不管你的宗教信仰是什么、哲学信仰是什么，上帝就在你的心中。

《圣经》开篇说，上帝完成了创世纪之后，宣告说一切都好，很好。你是上帝创世纪的一部分,很重要的一部分。上帝从不偏袒,从不会厚此薄彼,上帝会而且只会去爱,平等地、公正地去爱。上帝在我们的内心,上帝愿意为我们做一切善事。

上帝全部的神圣的愿望就是赐予,就是治愈,就是在我们心之所想范围内,让我们蒸蒸日上!宇宙中没有任何事情能与上帝的神圣愿望相抗衡,或者限制它,阻碍它。宇宙是上帝的宇宙。没有什么能挫败上帝之善,没有什么能阻止上帝之善,没有什么能对抗上帝之善。只有一个灵魂,一个力量,只有一个存在。我们在这样的存在中生活、发展。

只有一个生命原则:惟一的存在就是上帝。上帝就是对理念的检验。如果不是真理,那就回到那个惟一。可能存在着两种对立的观点:能,不能;失败,成功。但是上帝是惟一的,所以只有一个答案:"一切皆可为之。"如果心有惧怕,那么请相信:"现在一切都在上帝真理的掌管之下。上帝在指引、领导,在为我指出前方所在。"

在西奈山上的布道中,耶稣表述了这一普遍真理:"要求,你就会被赐予;寻找,你就会找到;敲门,大门就会为你打开。"你会得到真理;真理会从各个方向向你奔来,各种形式的天使会为你送来福音。

天使就是你走进生活的一个崭新角度:"重生,成为上帝的新生儿。"下面我们讲述一个古老的传说。它是很多宗教的基础,它有很多种说法和变体。

一位智者，他热爱生活中的各种神秘，并宣扬生活的神秘主义。他教导地球上的人围成一个巨大的圆圈，要求人们将遇到的各种难题、不平之事、误解、伤心之事、大病小痛、匮乏和局限、各种各样的疑难问题等等，都堆到圆圈的中心。

那些得到了许可、得到了命令、得到授权的人便去审查全部的堆积如山的难题，然后，去挑选他或她自己的问题。人群当中突然一片沉寂。极为安静和沉默。

经过一番深思熟虑之后，每一个人，那些有一大堆问题的男男女女又回到圆圈的中心，重新找回自己各自抛弃的问题，然后回到自己家里，回到各人的家务私事中去。没有一个人选择去挑选别人的问题，或者去挑起别人的担子，或者承担他人的痛苦，即没有人愿意去承受别人的考验或者苦难。

精神成熟的标志，就是伴随着年龄的增长，承认和接受环境——这一刻，只为我们这独一无二的、明白无误的创造物即我们自己所有。爱默生说，这是“为我们特别定制的，像皮肤一样合适”。你的问题，发生在你身上的问题，不一定发生在我身上；同样属于我的特别困难也不会来到你的面前，叩响你的门扉。一切本该如此。

试图解决别人的问题非常具有诱惑力。这是一种谬误，是完全浪费和消耗精力的做法。虽然有人满含着善意和美好的愿望，希望去解决别人遇到的困难，但是我们没有这个能力。我们可以相互祈祷，充当信使。

但是，只有我们自己准备最终来应对自己的生活。因为生活是我们的创造物。我们能通过改变信念，记住我们到底是谁，从而来改变生活状态、提高生活质量。我们必须不断地提醒自己接受我们该接受的遗赠，我们的继承物，这一切都是有益的、真实的、美好的。那样我们才能到达道德完美的宁静之境，因为这样才能与上帝融为一体。

小结

信仰的概念是圆满生活的钥匙。通过你的信仰，你塑造、形成、创造你自己的未来，你的命运。

上帝，一切众生之父，似乎让我们遭受了不计其数的艰难困苦的折磨。虽然我并没有以任何方式来缩小我们所受到的折磨。但是，确实存在着一个最基本的、最基础的混乱状态，那就是一种与普遍的、一切最初根源，即起源——“众生之父”，我们称之为“上帝”的疏离感。一旦我们接受了这种感觉，在其他方面，那种与最初、原始根源的疏离感就可以解决了，恐惧就会像黎明前的黑暗那样逐渐消失。

当一个人得到充分的发展，即心甘情愿、用心去倾听古老熟悉的真理，而古老熟悉的真理让人耳目一新时，毫无疑问，天使将会欣喜无比：上帝的信使出现了，他将和心灵对话。古语说得好：“学生准备好，老师早来到。”天使出现的形式多种多样：老师、课本、演讲、内科医师（医治者），或者只是一次“意外的闲谈”。

上帝从不偏袒，从不会厚此薄彼，上帝会而且只会去爱，平等地、公正地去爱。上帝在我们的内心，上帝愿意为我们做一切善事。

这是很多宗教的基础，它有很多种说法和变体。"要求，你就会被赐予；寻找，你就会找到；敲门，大门就会为你打开。"你会得到真理；真理会向你奔来。

第八章 赞美：通往成功之路

赞美，是通往成功的道路，是我们对每个人心中的上帝治愈存在和治愈力量的认可，是我们所渴望做好事情的惟一源泉和惟一基础。

赞美使上帝荣耀，赞美是生命的原则。“赞美”一词来源于希伯来语，意味着提升，在各种活动中提升生活的最高理念。“赞美”意味着光辉、光明；赞美的含义是光荣，指灿烂的、启蒙的、辉煌的、光芒的。“赞美的光辉总是在真理的光明中照耀。”

先知以赛亚（希伯来的大预言家、先知）声称，真理会给被监禁的人带来自由，给坐牢的人打开通向自由的道路。

耶稣说：“你们应当懂得真理，真理会给你自由。”在《圣经》的隐喻性的语言中，“俘虏”是指那些确实被错误理念、错误观念、错误宗教教导、错误的信条、错误的教义以及迷信等链条束缚住的人。

一旦我们全身心地渴望理解自己、了解自己，想知道一定存在着某种途径、某种方法会给我们的生活带来秩序与和谐的时候，真理先知就会出现（一个想法、一本书的出现），我们就会看到真理。我们意识到自己成为了一直渴望成为的那种人。在很大程度上，控制着我们命运的恰恰就是我们自己的思想和情感。然后我们得到了解放，获得了自由，不再是过去的俘虏。繁荣便从此开始。

在令人赞叹的、重要的一天到来之前，我们继续经历财富的得失，从锦衣玉食到饥肠辘辘，从得意洋洋到大失所望，从家财万贯到一贫如洗。这一刻，我们“醒悟”了，意识到自己究竟是谁，并且还意识到我们的期望、具有不可思议的想象以及具有强有力的创造性的力量。这些都是我们意识的总和。

在这到来之前，我们会倾向将自己的不幸归于一般的周围环境或外部世界的各种人、事、环境，也就是归于我们自己制造的精神和心理的束缚。通过这样的原则，我们给自己建造了监狱，如果我们能打破自我禁锢的锁链，打开监狱之门，就能感受到自由和自主。

只有意识和态度发生变化，实现我们内在的神授力量，才能支配我们自己的思想和情感，这与他人、条件、环境无关，只有我们改变自身，才能建立新的心理和精神层面的意识。

接下来会发生外部变化，按照良好的、完美的顺序，发生自动的变化。不言而喻，这样我们就达到了一种心理的、精神的、情感的自由状态。

《圣经》和其他宗教的核心思想都集中在“拯救”上。我们说“拯救”之意是对我们基本的、初步的问题，即与源泉的疏离感、与上帝的疏离感提出解决的办法。

“拯救”意思是我们“得救”了。人们都逐渐认识到我们究竟是谁：我们是慈爱的上帝的儿女、子民。作为子民，我们是具有上帝的品质、具有上帝特征和性格的继承人。

此时此刻，在这个地球上，我们就是要记住这一点。“认一识”（认出来并且识别，即再次懂得）我们与生俱来的、神圣的天性，天性就是创造性，令人惊叹的、无比强大的创造性。我们在这个地球上就是要懂得：

当我们内心思考的时候，用现代术语来说，就是在运用我们的潜意识。潜意识这种主观的、情绪化的感受和信念将使我们成为什么，做成什么，执行什么，表达什么，拥有什么。

在意料失败的情绪中，我们要完全放下这种情绪，自由地去规划自我，规划自己的意识。不能认为上帝不能将我们从失败中拯救出来，或者认为上帝不给我们解决难题。我们的情绪和态度创造了我们现有的生活方式。我们可以头脑冷静地竭尽全力去改变目前的情绪和态度，就像每天从衣橱里挑选要穿的衣物一样。我们相信上帝赐予我们的权利和力量，让我们有能力去选择自信的、舒适的服饰，实现我们的愿望。

我们必须承认我们具有与生俱来的能力，即达到目的、实现转化以及深刻地认识自我的能力。不要认为自己是环境的牺牲品，或者把自己看做是弱小无助或被重任、问题所困扰的人，也不要认为周围都是不可理喻的人，更不要认为他们提出的要求都是不公正的。我们可以选择甘当弱者，也可以选择成为强者。

我们的力量来源于：我们总是知道并且永远知道自己在精神和心理层面上具有更高的悟性和意识。

一旦我们接受了创造性力量的原则即意识的力量，一旦我们醒悟意识到与生俱来的精神力量，我们就会“穿上美丽的服饰”。

在《圣经》中，美意味着心态的平衡，精神的成熟，也就是我们准备好并乐意不再责备生活，不再责备上帝，不再责备遗传，不再责备环境，不再责备过去的不幸或者“心灵的伤害”。美就是接受我们的责任。从某种程度上讲，从容地承认我们正在收获的就是我们曾经在肥沃的、创造性的心灵花园或者土地上所播种的果实。

曾经有过这样的时期，我们可能没有感知到过去的观念和目前的事件之间会存在着某种联系。《大预言》的作者卡里·纪伯伦(Kahlil Gibran)曾经声称：“如果这是我收获之日，那么我将怎样把种子播撒在土地上，又如何播撒在让人遗忘的季节里呢?”

美需要勇气。美要求我们的就是完完全全地对我们自己诚实，要求我们审视内心的思想和情感，并在必要的时候正确面对并修复我们的思想、情感。这么做，我们就会洞察重复的模式，其中大多数是建设性的，有的也可能存在着问题，也可能牵扯到很多不同的人，但是这些问题基本上是相同的。如与家人、同事、朋友不愉快的关系，亦即阶段性成功后的失败，大体上都是相同或相似模式的一种循环或重复。

困惑甚至是气馁都有占上风的可能。一颗破碎的心可能穿着祝福的外衣，因为只有那时我们才会真正产生疑问，寻找答案。正如医生清理伤口后包扎伤口，在这个意义上，真理的预言家看似就是在为破碎的心做包扎。“破碎的心”是指心灵的自我分裂。

我们内心深处的愿望会与经历相冲突。我们每个人的愿望都是希望拥有理想的健康、财富以及来自多方面的爱，希望拥有各种各样爱的经历以及各种各样爱的表现形式，这些都会激发人勇往直前并且挖掘出各自的潜能和才能。

所有的人都有与自己的愿望、目标、计划、目的相冲突的经历，特别是在往昔岁月中发生冲突的经历。美是可以帮助我们调和、解决这些冲突的，美要求我们学会去宽恕。

原谅他人就是给我们自己一种新的生活感受、新的生活视野，如同我们为陈旧的生活挑选了“一件崭新的衣服”。许多心理咨询师每天都要面对声声的倾诉：“可是，你不知道，我受到了多么不公正的待遇，你不知道，我受到的伤害有多重，你不知道我经过了多少苦痛。如果你知道，你又如何能告诉我去谅解呢？”

在我的著作《〈易经〉的秘密》一书中，我提出了一个观点，憎恨和希望看到别人受到惩罚会腐蚀一个人的灵魂，会像铆钉一样将你遇到的麻烦牢牢固定住。当然，我们有时可能会很沮丧。美就是要求我们安慰所有沮丧的人，以喜乐代替悲哀。美就是一种智慧，就是懂得别人的行为和反应都是根据个人的标准和他自己的生活感知模式作出的，更让我们懂得要经常严厉批评自己的过错。

我们要憎恨他们吗？或者我们故意选择来释放每一个人，宣布主复仇的日子、自由的日子吗？我们可能不赞成或者不同意别人的行为，但是我们必须意识到上帝的存在，上帝存在于每一个人的内心。同样的主或者心灵法则会在地球上的每一个人的内心起作用。

我们不应当认为在宽恕他人方面，自己已经表现得宽宏大量，或者豁达大度了。因为如果我们宽恕他人，收获最大的利益和回报的恰恰是我们自己。实际上，人在宽恕他人方面是自私的。美对我们的要求甚至更多，因为我们抱有很多消极的、破坏性的情感，我们决定不再将这种情感留在心里，留在心里就是又将我们自己束缚住了。实际上我们妨碍或者阻挡住了自己的理想和渴望，那才是阻挡了真正意义上的繁荣兴旺。几乎任何伟大的、自由的获得都是伴随着心灵的谅解才实现的。

谅解使人们的内心和灵魂轻松，使人头脑敏锐，并且将会卸掉压在我们自己身上的最沉重的负担。“美”在《圣经》中并不是指身体外貌，或者指当下流行的风尚，而是指身心和谐一致，即平衡、均衡、协调地紧密联合在一起。

卡里·纪伯伦是这样表达美的：

“如果美本身不能引领你，成为你的道路，那么你该到哪里寻找她的踪迹呢?”

“如果你不能将美编织在你的语言中,你又如何谈到美呢?”

于是,他得出如下结论:“朋友们啊,当生活揭开美的神圣面纱,美就是生活,而你就是生活,你就是面纱。美就是不朽,美就是凝视镜子里的自己,而你就是不朽,你就是镜子。”心灵之美就是内心的神性,美就是用理解和耐心织成的一套华丽衣服。

真正的圣殿就是精神或意识。与上帝同在就是充分理解宁静、智慧、力量和爱的意义。圣殿就是我们对“心灵的普遍法则和内心无限的精神方式”的理解。知道上帝的回应总在内心,知道上帝的无限智慧和创造力量,正通过现在的意识层次流经我们内心。

到现在,“繁荣”一词已经堕落了,因为它主要指物质上的财富。物质财富固然重要,但是这只是最初含义的一部分。繁荣的最初含义是指一棵强壮有力的大树“生长并兴旺”—— 一棵正直的树,一棵生活的树。

“赞扬”就是信奉上帝的存在,去赞美和表扬我们渴望的好事,不管它以怎样的形式呈现,赞美都是我们每一个人所渴望的。赞美是我们可能拥有的目标、计划、目的。预言就是事先的声称和事先的宣告,在我们的意识中建立心理等价物,我们就会在实践中实现它。赞美等于我们全心全意地投入到目标中,而不是根据过去的证据或者感觉作出的判断。赞美上帝就等于赞美好事。对上帝的赞美就是在行动上信仰上帝,生活在健康的心理情绪和态度中,就等于揭开了拯救的神秘面纱,亦即找到了解决办法。

繁荣就是实现，就是实践我们目前所认为的真理，切身去感受它，并将它发挥到极致，使之成为现实和真实的存在。《圣经》上说："要坚强，要有勇气，不要惧怕，也不要沮丧。因为不管你在哪里，主，即上帝都与你同在；因为你将会使你的道路繁荣，你会获得美好和成功。"

小结

赞美，是通往成功的道路，是我们对每个人心中的上帝治愈存在和治愈力量的认可，是我们所渴望好事的惟一源泉和惟一基础。

一旦我们全身心地渴望理解自己、了解自己，想知道一定存在着某种途径、某种方法会给我们的生活带来秩序与和谐的时候，真理先知就会出现（一个想法、一本书的出现），我们就会看到真理。我们意识到自己成为了一直渴望成为的那种人。在很大程度上，控制着我们命运的恰恰就是我们自己的思想和情感。然后我们得到了解放，获得了自由，不再是过去的俘虏。繁荣便从此开始。

只有意识和态度发生变化，实现我们内在的神授力量，才能支配我们自己的思想和情感。这与他人、条件、环境无关，只有我们改变自身，才能建立新的心理和精神层面的意识。

我们的情绪和态度创造了我们的生活方式。我们可以头脑冷静地竭尽全力去改变目前的情绪和态度，就像每天从衣橱里挑选要穿的衣物一样。我们相信上帝赐予我们的权利和力量让我们去选择自信的、安宁的服饰，实现我们的愿望。

我们必须承认我们具有与生俱来的能力，即达到目的、实现转化以及深刻地认识自我的能力。不要认为自己是环境的牺牲品，不要把自己看做是环境的牺牲品，或者把自己看做是弱小无助或被重任、问题所困扰的人，也不要认为周围都是些不可理喻的人，更不要认为他们提出的要求都是不公正的。我们可以选择甘当弱者，也可以选择成为强者。

到现在，"繁荣"一词已经堕落了，因为它主要指物质上的财富。物质财富固然重要，但是这只是最初含义的一部分。繁荣的最初含义是指一棵强壮有力的大树"生长并兴旺"—— 一棵正直的树，一棵生活的树。

"赞扬"就是信奉上帝的存在，去赞美和表扬我们渴望的好事，不管它以怎样的形式呈现，赞美都是我们每一个人所渴望的。赞美是我们可能拥有的目标、计划、目的。预言就是事先的声称，和事先的宣告，在我们的意识中建立心理等价物，我们就会在实践中实现它。赞美等于我们全心全意地投入到目标中，而不是根据过去的证据或者感觉作出的判断。赞美上帝就等于赞美好事。对上帝的赞美就是在行动上信仰上帝，生活在健康的心理情绪和态度中，就等于揭开了拯救的神秘面纱，亦即找到了解决办法。

第九章　为什么信念会使你富有或者贫穷

“无论是谁，凡有的，还要加给他；但是，没有的，连他所有的，也要夺过来。”

这句话引自《圣经》，或许听起来很苛刻、很刺耳。为什么有些人命中注定或被指定要感受这个世界的富有、享受这个世界的富有，而另一些注定要忍受艰难困苦、贫穷匮乏呢？

事实上，绝对不是这么回事。这说明了我们内心创造性力量的存在。上帝时时刻刻在对我们作出回应，为我们的日常生活创造各种条件和环境，上帝在回应我们，并根据我们心灵的思考、沉思也就是我们的潜意识创造相应的条件。

这句话实际上给我们提供了自由，它给我们财富的流动、贫富成败提供了通路。富有和匮乏(贫穷)是与我们的理解能力相一致的,和我们个人对与万物之源即上帝的关系理解相一致的。神秘主义者将之称为神授思想,即神圣的上帝存在于我们的内心。只有一个法则,那就是我们的生活之主、专制的君主,或者仁厚慈爱的、充满智慧的保护者。

那些享有真正富足和希求富裕生活的人,意识到创造的力量来源于头脑和思想。真正的富足是“诚实地获得”。他们懂得诚实获得的价值和影响,因为他们不断地用丰富的物质、富裕的生活这些观念来给自己的精神、心理、意识施加影响。这些观念被深深地印刻在他们的潜意识中。这是生活中伟大的、普遍的法则,这些法则在每个人身上都是行之有效的,而且是放之四海而皆准的真理。那些根深蒂固的观念、观点和意识,人们将其看做经历、事件和条件,只是因为它们被客观化了,所以与我们的思维属性相一致。

如果我们意识到并确信活在一个慷慨仁慈、充满智慧、具有无限能力的宇宙中,那么博爱仁慈的、万众钟爱的神圣的上帝所赐予的、所统治的信念就会在我们的环境和活动中反映出来。

同样,如果支配我们的信念是:“我不配拥有无限宇宙的财富,我命中注定受穷或者命中不该拥有财富。财富是别人的,我就该是这个样子,我该受穷。”那么这样的信念就会占支配地位。这两个相对立的观点是决定物质上贫穷或者富有的决定性因素。

这恰到好处地解释了《圣经》经文“富人越富,穷人越穷”的原因。一旦意识被放大,丰富的思想便各从其类,具有能产性。无论在什么情况下,这样的法则都是起作用的。一旦接受了这一法则,我们就能控制自己的生活、控制自己的活动、控制自己的环境。

意识是创造的手段，不管它将目标集中在什么事情，专注于哪一点上，一旦被作为真理接受，它就会表现出创造性的力量。我们正稳健地走在通往治愈、富裕、繁荣和健康的道路上，我们会找到真正的（理想的）位置，找到财富在生活中的合适的表现形式。

我知道，在匮乏的状况下，去想象富裕需要采取某些措施。我也知道，采取这些措施需要诚实和正直的品格。这些品格确实是富裕的表现形式。在《你致富的无限力量》著作中，我提到富有需要作出持续不断的、心无旁骛的努力。为了富有，付出努力是值得的，因为实践这一约束性思考的人一定会富裕起来，会拥有他们想要的一切。那些注意到意识的无限丰富性和所有经历的源泉的人，将会拥有这个世界的更多好事。

这一美妙的法则或原则包含着很多涵义。在其框架或结构范围内，其涵义同类相生，各从其类。约束性思考是打开所有重要真理大门的钥匙。有了“约束”这一概念，很多东西都受到限制。对很多人来说，“约束”意味着残酷的惩罚、处罚。这是对约束真正意义的误解。

我认为，约束是从理解开始的。我们必须弄清楚自己信仰什么，为什么持有这样的信仰。在倾听别人、与别人交谈时，显然有很多人因为对约束的误解而深受匮乏之苦。造成匮乏的主要原因是他们只是被灌输、被教导了部分《圣经》知识：强调误解、邪恶和罪恶的后果的那部分知识。我们可以约束自己的头脑，使这些约束成为我们的信徒（disciples）。“约束”和“信徒”这两个词语来自同一个词根，即来自拉丁语“discipulus”。“discipulus”的意思是“小学生”。理解才是根本，我们的思想就是我们的信徒，思想是我们最重要的仆人或者是精神的服务者，思想包括我们的全部意识、我们的创造手段或者才能。

思想的改变或转化能够改变生活！让我们去过一种健康的、有益的、神圣的生活吧。改变或者转化思想能将我们从匮乏状态转至富有状态。上帝的愿望就是朝着事物积极的方面发展，就是让你在生活中获得进步，取得发展。你知道有多少人相信并坚持上帝的愿望朝着事物积极的方面发展吗？你知道有多少人只是在不愉快的状况下才想起上帝的愿望吗？

当我们渴望真理、希望真理、向往真理的时候，头脑就开始约束我们了。它要求我们的不多于也不少于我们对内心深处的信念和观点的审视和理解。为了改变思想，用一种崭新的方式去思考吧，因为所有这一切都是可能的。没有爱，就没有约束。

《圣经》中有很多描述对富裕生活所产生的困惑。至少，在西方世界的情况是这样的。认识到这一点让我们深感震惊。很多人从小就受到这样的教育："上帝热爱穷人。"

我们在《旧约》中的赞美诗中读过这样的诗句："眷顾贫穷的人有福了。他遭难的日子，耶和华必搭救他。"在《新约》中又写到："上帝在精神上祝福贫穷的人，天国是他们的。"

这些经文全部都被当做真理。有史以来，在道坛上有成千上万的讲道者都是从字面上来陈述这些真理，没有添加任何思考，没有添加任何解释，遣词造句都是两千年前所使用过的。就赞美诗来说，时间更为久远。可是，语言本身却已经发生了变化，有的已经演化和发展成了另一种含意。

接受《圣经》所阐述的说法，或者与此类似的说法，逐渐形成了人们的一种挥之不去的（经常是未为人知的）情感，那就是富裕含有厚颜无耻的意味。

当《圣经》上说，上帝想让我们拥有财富并且富有的时候，他是想让每个人都拥有财富而且富有，没有人例外。

当早期我们在表面上或外观上谈及矛盾得到解决时，富有的观念包括物质财富，经常会被客观化。

我们大多数人阅读的《圣经》是用英文（或者母语）写成的，里面充满着古老的成语式的表达法。可是，由于《圣经》最初是从希伯来语（Hebrew）和阿拉姆语（Aramaic）翻译过来的，所以大量的词汇已经改变了意义。

《圣经》中的很多章节段落可以根据字面意思来阅读和理解，而大多数则不能。它看似充满着矛盾、寓言、隐喻，与当今世界毫无关联。

如果将《圣经》当做形而上学的课本去学习，你的方向就是对的。《圣经》使用的语言非常丰富，其中蕴涵着真理和指导方针，一旦我们理解了，将会丰富我们的阅历。

但是，《圣经》不是一本描述事实的书。如果看做是描述事实的话，它的真实意图就会受到遮蔽或被隐藏起来。它是一种主观经验的描述，亦即《圣经》与读者之间的对话。

现在，这一刻，对我来说意味着什么？

谁是《圣经》里的穷人？

穷人是那些需要提携的人。

作为一本深奥的玄学书，《圣经》揭示了治愈心态的方法，反过来又揭示了我们可能会经历的贫穷和其他的恶劣条件。《圣经》能提升人的思想，让人在意识和理解中奋勇崛起，获得更高层次的观念、观点，拓宽视野，提高感知境界。

俗语说：“没有眼光，人烟消亡。”

所有这些文字、术语、说法和诗句都揭示了一个最基本的真理，那就是我们通过更新思想而改变自己，进入更高层次的感知境界。

根据《圣经》上的说法，贫穷即心境的贫穷。

很多人受到这样的训诫：现在忍受痛苦的煎熬就会在将来某个时候得到回报，或者弥赛亚（Messiah，犹太人盼望的复国救主）会来到他面前，并将他从目前的痛苦中拯救、解放出来。

“Messiah”一词最初的意思是“老师”。

现在，我们来读一下经常引用的耶稣的话：

“现在到了你接受的时间了。”

“就是现在。”

“今日你要同我在乐园里了。”

注意，这里是用现在时态来解释的。幸运的是，这在翻译中还保留或者保存着现在时。请问以前我们经常听到这样的训诫吗？我们经常听到的是：“上帝热爱穷人。”

贫穷并不意味着精神上的匮乏，不意味着沮丧、忧郁、充满失望与悲伤。相反，它意味着你的头脑是开放的，准备接受上帝的真理。你如饥似渴地想知道更多，更好地利用你内心的神圣性；意味着你已经清除了头脑里的错误观念、恐惧、偏见；一切阻止你实现无所不在的神圣性的东西都已荡然无存。富有是睿智和信念对以下五种感官表现的证明，即预想的观点、意见、信条、上帝以及生活中的传统观念。

贫穷是心理上的。我们能够而且应当帮助那些有需要的人。

有一种明智的方法可以解决这个问题。我们能够在金钱上和物质上帮助那些渴望富有的人,同时给他们保留尊严。我们可以在心理上借助《圣经》来帮助他们理解这些原则,这些原则将会使他们懂得应用自己与生俱来的能力,懂得治愈自己的贫穷。我们能够帮助他们懂得一个源泉就是无限智慧,是他们心灵中的惟一源泉。贫穷的心理状态导致了贫困的状况,治愈心灵之疾就是去除各种贫穷。

贫穷不代表美德,如果诚实地获得,富有也不是犯罪。抢劫、欺骗、贪污或者欺骗他人就是自我抢劫,它最终又会因此而殃及我们自身,这是迟早发生的事。懂得运用头脑的法则即心灵的、《圣经》的法则,就会知道富裕的源泉就是上帝的王国。所有的好事都来自内心。在追求财富和繁荣时,我们并不总是成功的。有些时候我们遇到的是失败,收获的不是富裕,而是贫穷;我们面对的不是和谐,而是混乱。这就是生活的法则,我们必须准备去应对这一切。

理解生活中的对立是非常有价值的,这是理解我们用怎样的观点来指导我们行动的关键所在。要知道,我们生活的宇宙世界是二重性的。上帝赐予我们的最大礼物和最大挑战就是在善恶之间自由选择,例如,在健康与疾病之间选择,在贫穷与富有之间选择。选择的权力在于我们自己,重要的是我们必须作出明智的选择。

各个年龄段的人都忙于在对立中作出选择,在不同程度的成功中作出选择。大多数人作出的结论是:所有的对立,例如善和恶,都是我们自身的力量和施加于我们自身的力量。根据这一观点，不管我们经历的是此事还是彼事，是恶运还是好运，都是机会或运气的事情。

表面看来，这种说法似乎是正确的。但是，仔细想想，也可能存在着两个无限。精确说来，一个抵消另一个是不可能的。绝对的平衡或混乱有可能会存在，但不会存在于绝对精确的宇宙中，因为这超越了人类的理解力。

多极性就像一根棍子的两头，也是对立的、相反的。这些极性之间尽管迥然不同，但是请勿忘记，它仍然是同一根棍子。

古老的智慧给我们提出了忠告：不要急于作出判断，要根据事情的发展完成你的推论；要认真规划你作出的决定，不要根据事情的外表和目前仅有的条件作出决定。

在所有事情背后，上述观点渗入到一切事物——在五种意义上都能查明的就是上帝，是活着的、生机勃勃的、无穷智慧的存在，古人将之称为神授的头脑。

我们总是在对立之间摇摆，所有的人都有过“沉浮盛衰”的生活经历。我们的情绪会由兴高采烈转至悲观失望，由欢天喜地转至闷闷不乐，由喜气洋洋转至无精打采。当然，不知道一种情绪也就无从知道另外一种情绪。但是，一旦我们认识到并理解了这些极端情绪都是出自同一条原则，其表现为充满活力和永恒不变的创造，那么我们就不会惧怕周围出现的各种对立，因为每一个人都要或多或少地经历这种对立。这种情绪的摇摆就不再具有极端性了。

这些都是表现同一原则的二重性。在这里，我们就是要与这些对立达成和解，创造这个世界的和谐、健康和安宁。

在《〈易经〉的秘密》一书中，我特别提到，大概没有任何教育体系、实践智慧体系能像五千年前古老的中国人那样将对立原则论述得如此清晰透彻，阐释得如此直截了当。

古老的中国人认识到了对立原则，而且能够理解并能接受这一原则。他们将之称为“改变”或者“变化”。“一切都来自看不见的东西，一切都在某个时间存在，然后回归到看不见的东西。”中国人将这一变化过程称为“道(Dao)”。

东方圣贤作出结论说，宇宙即世界、社会、个人总是处于并且永远处于一种流动变化的状态，从一种既定状态到相反状态的流动运动。

冬夏变换，日夜交替，月亏月盈，潮起潮落，旧世界消亡，新世界诞生。那些古代圣贤说过：“如果你不喜欢我们现在的天气，那就稍稍停留，天气将会变化。”

他们承认存在着不能控制的力量：行星运动，季节变化，不可逆转的自然力。洪灾涌来，持续一段时间，之后消失，不久就是一片春和景明的崭新气象；干旱降临，持续一段时间，之后消失，不久就重现晴朗的天气。这只是一种宇宙范围内的、大规模的自然更新和补充方式而已。

《易经》一书认为，所有的形式、形状、功能和行动都来自看不见的“道”。在犹太教与基督教所共有的经文里，我们可以发现同样的真理：“这一切也将会成为过去。”在《圣经》经文的开篇段落中，大约有1 000个“这会过去”的例子。

《易经》和犹太教与基督教所共有的经文阐述了相同的真理：大自然的所有能量都来自一个源泉：道(上帝)。3 000年后，保罗(Paul)写到：“除了上帝之外，没有别的力量。存在的力量就是上帝规定的力量。”

《易经》提到的道与《圣经》提到的上帝都是根据自然的法则以一种客观的方式来运作。他们认为，在宇宙中二重性原则的运作方式就像在人类中的运作方式一样。

我们在一种状态与其相反状态中持续不断地运动。正如前面提到过的，我们都经历过情绪上的起起伏伏，我们在欢乐和忧伤之间、幸福和痛苦之间、和平和冲突之间、信心和恐惧之间摇摆不定。

至于观念，也是成对出现的，例如：富和穷、甜和酸、好和坏、热和冷等等。我们不能将这些因素控制在可感觉到的范围内。但是，我们确实有能力来控制并指导自己的意识。幸而我们具有与生俱来的智慧和选择能力，去选择并决定我们的思想、观点、概念以及情绪和态度，那些我们所渴望成为的、想要做的、想要拥有的、想要分享的。

这些愿望就是上帝的天使、上帝的信使，它对我们每一个人说：“飞得更高。”让你的愿望强烈地吸引你的注意力，并抓住你的吸引力。你的信念支配着你的意识，你会沿着你信念指引的方向奋勇前进。

你从愿望的实现中所获得的预期利益越大，愿望就越强烈。是什么在支配着我们的意识，我们的生活？是上帝。上帝赋予了我们权威，给予了我们生命的巨大力量。而事实上，上帝可以给予我们最好求助的特权，上帝是一切善的创造者。

请注意，除了无所不在的智慧和生命能量，也就是内心的道或者是上帝，渴望并乐意提供、保护、启蒙、恢复我们自身的和谐之外，我们本身不能做任何事情。无所不在的智慧和生命能量能够使对立双方达成和解，带来心灵的安宁。当我们获得了最伟大的礼物，世界上的一切事物都如《易经》中所说的“各得其所”，各取所需，此时此刻我们就会看到天堂——地球上的天堂。

在《圣经》中，有一则寓言描述耶稣训诫人类关于生活中的二重性问题：小麦播种之后，野豌豆（杂草）也长出来了。那些看麦田的人就问：“这些野豌豆怎么处理呢？要把它们收集起来吗？”农场主说：“不用，让它们一起生长，长到收获时再说。到那时，先把野豌豆收集起来，捆成捆，烧掉，把小麦收起来送到我的谷仓。”

杂草代表着消极的或者是破坏性的一方，在任何方面这都不会给我们带来好处。它们代表着恐惧、怀疑、恶意、憎恨和愤怒，或者是复仇的愿望以及控制别人的力量。

小麦代表着营养和给予生命的物质：它帮助我们的愿望强化和促进，并且使我们的身体康复。当杂草出现的时候，不必惊慌失措。因为神圣的上帝会与我们在一起，它会用爱的火焰烧掉杂草，只保留小麦。这就是惟一的、永恒的、神圣的真理。上帝代表爱、生命、健康、富裕，不论是在精神上还是在物质上，最重要的是他指导我们要真正和平。

《易经》说：不要选择不幸，要选择好运。这是对你生活的忠告和指导，让道或者上帝成为你最好的朋友吧。因为它给你的生活带来欢乐、爱和友谊，并且一直为你祈祷得到最美好的事物，为你祝福。从个人的角度来说，请让“道”或者“上帝”成为你最好的朋友吧。

最近是否有人问过你这样的问题：“为什么上帝允许贫穷、疾病、战争、死亡的存在？”不管是以什么样的变化形式出现，几乎没有一天不听到这些问题的。这都是很合理的问题。如果我们确实考虑过的话，一生中，我们一定会在某个阶段提出这样的问题。

上帝赐予了我们自由的意志，亦即选择的力量。一旦选择错误或者选择不当，困苦、灾难就会一而再、再而三地出现。只要在我们中间存在着暴君，那么在我们个人和集体中，邪恶就会出现，战争就会爆发。

从个人的角度来说，我认为，人类依然靠使用暴力，恐怖手段以及毁灭性的战争来追求自己想要获得的东西，这是一种犯罪。地球有足够供给人们享用的丰富物品。如果大家普遍都懂得怎样从伟大的供给者那里去寻求，用智慧去分配这些财富、合理地去发放这些财富，那该是多好的事情。

“在上帝的庇护所里，有很多楼宇。”因为有无限的生活就有无限的维度空间。所以我们应当考虑生活的各个层面，就像现在这样生龙活虎地活着一样，去享受更富裕的生活。

去理解你自身无穷智慧和情感力量吧，那是一处宝藏，是你自己想象的王国，你被赐予了绝对的统治力量和权威。理解你生活世界的二重性，包括理解最根本的对立：生和死。正如爱默生所说的：“在自然的每一个部分，我们都会遇到极性。”

生活中我们会遇到让人心烦、令人困惑的二重性。这是我们必须面对的挑战，我们一定要克服这些困难。在你的力量中，利用你的智慧、你的信心、你行善的义务，作出正确的决定。这样做，你会获得美好的生活，而回报你的是祝福、和谐和富裕。

要懂得，这种力量就“潜藏”在我们的内心，我们要更好地应用上帝赐予我们的这个礼物，直到我们认识到上帝就是爱。爱的属性就是给予。上帝无私地给予爱，从不保留，它既不强加到我们身上，也不会只赐予选定的少数人。

我们就是那些作出选择的人："选择今日。"选择使我们更善于接受。去更新我们的理解力，全心全意地去治愈与爱、与生命、与上帝的疏离感。

小结

富有和匮乏或者局限（贫穷）是与我们的理解能力相一致的，和我们对与万物之源即上帝的个人关系情况的理解是一致的。

那些享有真正富足和希求富裕生活的人，意识到创造的力量来源于头脑和思想。真正的富足是"诚实地获得"。他们懂得诚实获得的价值和影响，因为他们不断地用丰富的物质，富裕的生活这些观念来给自己的精神、心理、意识施加影响。这些观念被深深地印刻在他们的潜意识中。

意识是创造的手段，不管它将目标集中在什么事情，专注于哪一点上，一旦被作为真理接受，它就会表现出创造性的力量。我们正稳健地走在通往治愈、富裕、繁荣和健康的道路上，我们会找到真正的（理想的）位置，找到财富在生活中的合适的表现形式。

当《圣经》上说，上帝想让我们拥有财富并且富有的时候，他是想让每个人都拥有财富而且富有，没有人例外。

当我们的早期灌输在表面上或外观上的矛盾得到解决时，富有的观念，包括物质财富，经常会被客观化。

贫穷的心理状态导致了贫困的状况，治愈心灵之疾才会去除各种各样的贫穷。

贫穷不代表美德。如果诚实地获得，富有也不是罪过。抢劫、欺骗、贪污或者欺骗他人就是自我抢劫。

我们生活的宇宙是二重性的。上帝赐予我们的最大礼物和最大挑战就是在善恶之间自由选择，在健康与疾病之间选择，在贫穷与富有之间选择。选择的权力在于我们自己，重要的是我们必须作出明智的选择。

我们总是在对立之间摇摆，所有人都这样。我们通常都有过“生活的沉浮盛衰”的经历。情绪由兴高采烈转至悲观失望，由欢天喜地转至闷闷不乐，由喜气洋洋转至无精打采。当然不知道一种情绪也就无从知道另外一种情绪。但是，一旦我们认识到并理解了这些极端情绪都是同一条原则的种种表现——充满活力的、永恒不变的创造，那我们就不会再惧怕周围出现的各种对立。

上帝赐予了我们自由的意志，亦即选择的力量。一旦选择错误，或者选择不当，困苦、灾难就会一而再、再而三地出现。只要在我们中间存在着暴君，那么在我们个人和集体中，邪恶就会出现，战争就会爆发。

第十章　黄金规则

“你希望他人如何对待你，你就怎样对待他人。”在很多宗教中，黄金规则（Golden Rule，又称金箴）都以某种形式表现出来。伟大的犹太学者希勒尔（Hillel，耶路撒冷犹太教《圣经》注释家）比耶稣早出生一个世纪，当别人要求他精简《圣经》至一个主要教义时，他回答到：“最重要的思想就是：不要对你的朋友做出你不想让他对你所做的事情。”现代心理学家重述这一法则，并将它作为发展健康的人际关系的最基本要素。

遵守黄金规则与繁荣发达之间有什么关系吗？希勒尔也回答了这一问题。他说：“倘若我不为我自己，谁会为我？但是，如果我只为我自己，我当是何人？”是的，上帝赐予了我们力量，使我们能够拥有财富和富裕。充分利用自己的才能和机遇是我们的义务，但是伴随着义务而来的，不仅仅是关心我们自己，还要关照别人。

你会发现“黄金规则”就像一条金线，它被编织进所有哲学和玄学的主要体系中。该法则可能有不同的表达形式，但是这一理念的意图却是相同的：我们应当为别人做些什么，允许并希望别人像我们希望自己一样拥有同样的信念、崇拜、贡献和获得的自由。

一旦我们采取这样的态度作为指导我们的伦理规则，那么它就会成为我们日常生活中的强大能量，施给我们有力的影响。它是我们内心深处的智慧财富，它会指导我们每个人的心灵。

如果我们的观念是明智的，它就会指引我们来管理在相关的思想中哪一条是明智的、哪一条是最好的，指导我们与他人的关系，与投资的关系，与工作、生意或事业等各方面的关系，即指导我们与一切有关的事情。

“黄金规则”这条法则是打开真正幸福之门的一把钥匙。紧握这把钥匙，实现你的幸福生活吧。黄金规则具有普遍性，不局限于某一宗教或某一文化。考虑到这些情况，我们就能更好地理解它的价值，认识到目前流行的许多信仰的起源。

信念十分重要。生活的第一法则就是信念。上帝赐予了我们力量，这意味着我们能够选择我们的信念，这是我们所拥有的最伟大的力量。我们的信念、设想、观点、意见和态度阐明了我们的生活经历和条件，同时也能创造我们的生活经历和条件。在必要的时候，改变这一切就会改变我们的生活状况，提高我们的生活质量，转变我们的生活方式。

为什么这一规则叫做黄金规则呢？“黄金规则”这一说法在任何经文里都找不到。根据《圣经释义词典》（*Interpreter's Bible Dictionary*），这一术语大概出现在公元前五世纪的希腊文学中。希罗多德（Herodotus）首先使用该词。希罗多德是一位希腊历史学家（他被称为历史之父）。因为金子是贵重的金属，是普遍智慧的象征，也是智慧的经文象征，同时也象征着我们认识到自己是谁。这是经文献礼的本质：帮助我们与世界的混乱和喧嚣达成妥协，在混乱中作出调和并促成秩序，从而治愈与我们称之为上帝的惟一源泉的疏离感。

仔细考虑几种不同的宗教所表达的黄金规则的一些基本宗旨，我们的目的不是提出批评、作出判断、进行谴责，而是更好地理解信仰的普遍性。

我们真诚地赞美莫罕达斯·甘地（Mohandas Gandhi）所做的让世人惊叹的伟大事业，在宗教中他被尊称为圣雄（Mahatma，梵语密教的大善知识），他说：“作为一棵树，都有独立的树干，但是树有很多的枝叶，如同一种真正的、完美的、无以言表的宗教，当经过语言这一中介时，通过形形色色的人们并不完美的阐释和解读时，便又产生了多种不同的诠释结果。”

学习人类各种宗教的点点滴滴就是去了解不同宗教之间的惊人相似性——在思想情感和方法中存在着根本的统一性。

当问他是何种宗教信仰时，甘地回答到：“我是一个基督徒，我还是一个犹太教徒，我也是印度教教徒，我是所有宗教的教徒，因为所有的宗教都是一种宗教。”

尽管我们用不同的方式来表述，用不同的称呼来命名这种力量，但是只有一个存在，一个力量，一个源泉：神秘主义者称之为神授性。

去分析和研究由某些其他教派的开明大师和哲人提出的智慧，不管是在方式上、数量上，还是质量上，都不会削弱也不会减轻对犹太教与基督教圣经的洞察力和观念，相反，却会加强这些认识和观念。

在任何伟大的教育体制中——不管是在宗教方面提出的，还是在哲学方面或者是科学艺术方面提出的，审视和移用那些明智和理智的思想都是大有裨益的。只要我们探索，就能寻找到丰富的真理。真理即智慧的伟大宝库，有时含在某一本书或某一学科中，由于我们将自己限制在狭窄的信条、教义和教条中，也就是局限在由人类颁布的法令或规定的命令中，所以没有发现这个宝库。

当黄金规则在东方教义以及犹太教和基督教中出现的时候，学习这一规则具有深远的教育意义。现在通常认为，黄金规则只是一种思想的重新陈述。其实，早在耶稣教义诞生之前的600年，中国的先哲孔丘已经对此进行了系统的阐述。孔丘被世人称为“圣人”。

17世纪，很多耶稣会(Jesuit，天主教修会之一)牧师远渡重洋，到中国来研究孔子的教义。当时习惯将孔子的名字翻译成拉丁语。在西方世界，孔子更多地被译成“Confucius”。孔子的教义在中国被称作儒学，而不是宗教。

据说，孔子很少提到神灵的名字，他喜欢用“天性”(nature)或者“天命”(spirit)一词。他偶尔提到“上天”(Most High God)，将之称作“天”(heaven)。“天”是一个产生宇宙万物的创造者，如太阳、月亮、星星、自然的力量或者精神等等，不一而足。

根据孔子的推论，宇宙万物都是上天赐予的，宇宙万物都来自上天。人类在地球上的最基本的责任就是从大自然中学习，并与上天、自己和他人一起和谐生存。他的教义基础是建立在先哲们所阐述的思想和概念之上的。这些先哲们的生活年代比孔子大约要早1 500年。

孔子按照自己的生活目标，汇编所获得的大量信息和各种知识，并将这些思想刻写在竹简和木片上，用麻绳穿起来。这些方册被看做是中国最早的书籍。孔子将这些书籍命名为“古人的教义”。

孔子具有非常清晰明确的思想和严密的逻辑推理能力。他在教义中表现出来的明晰性和理性思维被人类看做是最伟大的成就之一。

孔子深为苦难和贫穷所困扰，也为政府的虚伪和浪费而忧虑。他得出结论说，要解决所有这些问题，必须有更高层次的道德修养。他主张的伦理准则为解决上述问题提供了一条出路，但是这些伦理准则必须从自身开始做起。他说，只有个人道德修养提高了，家庭、社团、政府和国家的道德水平才会提高，只有这样才会提高道德的纯洁性和强化道德的力量。

孔子主张的伦理道德，主要是克己之事，如：不能撒谎、不能欺骗、不能偷盗、不能过分放纵、不能厚颜无耻，等等。他还提出了几个“勿要”。

孔子的主张即儒家思想的黄金规则，它以否定的形式提出：“己所不欲，勿施于人。”注意，希勒尔在几个世纪之后，也用了几乎是相同的语句来阐述同样的思想。

现在，我想用建设性的方式陈述一下黄金规则：“不论你想让别人为你做什么，你应当对别人也这么做。”这样一来，我们就会发现，原来这句话本身的含义就是同情、表现礼貌、赞扬和认识到他人的价值。

显而易见，我们不偷盗、不撒谎、不谋害人，这在道德上是正确的、合适的。但是，其他的事情我们却无法做到。所罗门（Solomon，以色列国王，在位期间，发展贸易，以武力维持其统治，使犹太达到鼎盛，以智慧著称）有句谚语：“要善于赞扬。”这句话包括了欣赏、谦恭和礼貌。孔子说，道德的实施是从家庭开始做起的。但是，在当今的日常生活中，我们能看到很多个人和家庭缺乏礼貌的例子：“不管我干了什么，似乎都做得不够，他（或她）从来都不表示感激，甚至连‘谢谢’都不说。”类似的情况和例子比比皆是。

现在，一个显而易见的问题是：你多久能对别人说一次“谢谢——我很感激你，我认为你是世界上最棒的人”？如果你想听到这些鼓舞人心的话，你就要每天也对别人这么说，直到让人感到非常安慰，舒适惬意，而且要诚心诚意地说。应用黄金规则就是在你的具体行动中付出爱。

这是不是过于简单了？试一试。你可能会有意想不到的惊喜。良好的关系或者美满的婚姻不仅仅是“发生”，它还需要精心的培养和小心的呵护：剔除杂草，施肥滋养，然后爱的花朵才会绽放，呈现缤纷绚丽的色彩，发出芬芳袭人的气息，放射五光十色的美丽。这就是黄金规则的内容。

不管是艰难岁月还是快乐时光，只要付出，你就会有收获。我们应当经常问自己：“我愿意接受并忍受我正在思考的另一个人的情形吗？”

如果你回答“是”，那么太棒了，祝贺你。如果是“否”，那么，用心思考一下，你所创造的是什么？如果你在生意中欺骗他人，那你最好为别人也用同样的方式来欺骗你做好准备。

道理就是这么简单。但是，我们千万别太天真，也别太轻信，否则容易上当受骗。我们容易想当然地认为所有的人在生活的各个方面都履行这样的伦理准则。事实并非如此。因为我们生活在一个世俗的世界中，对于世界的运转方式，都应当保持清醒的头脑。

据说，理解这个道理的人可谓凤毛麟角。如果有的话，那就是警察和海盗。他们预先得到警告、指导和保护。他们被至高无上的上天——无所不知的智慧（即孔子称为“天”或“神”，我们称为上帝）所关注。

下面将各种黄金规则的出现情况列成一个大致的编年表，这至少会对我们有所帮助，因为出现顺序的早晚具有时间上的指导意义。当我们理解黄金规则的重要性时，在整个有记载的历史中，黄金规则与大多数启蒙思想家、先哲和神秘主义者的思想相吻合。我们注意到，这些圣人先哲都具有超群的智慧。他们在对待某一普遍存在的问题上尤其表现出卓越非凡的智慧，尽管他们各自使用的表达方式不同，但是都敏锐地意识到世界的存在方式和运转方式。

公元前6世纪，整个东方世界就已经出现了使人类在精神上、思想上、心灵上觉醒的萌芽。老子(Lao Tzu)的思想后来被称为道家(Taoism)的思想基础。在中国，孔子的儒家思想被人们广泛传播。第三位思想家是琐罗亚斯德(Zoroaster，也称 Zarathustra，他是琐罗亚斯德教或拜火教的创始人，波斯预言家，对于其身世人们知之甚少，包括在波斯)，他给琐罗亚斯德教注入了新的生命活力。

那些启蒙先知或者预言家，像耶利米(Jeremiah，公元前7世纪和6世纪的希伯来大先知)、以西结(Ezekiel，公元前6世纪的希伯来预言家，号召犹太人出走巴比伦以回归敬神和信仰)、以赛亚(Isaiah，公元前8世纪希伯来的预言家)等等，都告诫希伯来人要为保持希伯来作为一个独立国家的目标而努力奋斗。《奥义书》(*Upanishad*，印度教、古代吠陀教义的思辨作品，为后世各派印度哲学所依据；或指形成古代印度教之神学理论的一组哲学论文中的任一篇，皆是对更早的吠陀的阐发)是在印度写成的，婆罗门(Brahmin，印度种姓制度中的最高种性或僧侣的一员；印度教四个阶级中的最高阶级，负责执掌宗教仪式和学习及教授《吠陀经》)牧师为《吠陀经》（*Veda*，印度最古的宗教文献和文学作品的总称，印度婆罗门教的古代经典，共四卷）提供了新的阐释思路。

在充满无限生机和活力的时代，玛哈维拉（mahavira，是耆那教的创始人，耆那教尊奉尊者大雄马哈维亚为第 24 代祖师，也是最后一位祖师）就是“耆那”（“胜者”），出现于公元前 600 年，对传授“在幸福和痛苦、欢乐和悲伤面前，我们应当把别人看成我们自己”的教义时，显示出了深刻的同情和理解。

因为极端的禁欲主义，现在耆那教在印度的追随者比其他宗教都要少（大约有 230 万）。玛哈维拉仍然被看做是具有超凡意识的人，他告诫我们，一定不要依靠牧师或者其他人或者泛神。玛哈维拉宣扬，我们必须依靠上帝，因为只有上帝才能对我们的沉思默想作出回应，上帝是惟一的。我们是自己的救世主；我们能解决自己的问题。因此，我们所有的努力都应当指向三个方面的“宝石”级造诣：

知识产生信心。

信心产生正当操行。

正当操行就是智慧。

在这三级宝石造诣中最重要的是正当操行，因为操行就是行为，对待他人的行为。

让玛哈维拉感到悲哀的是，他看到当人们在一切顺利、万事兴旺之时，人们会经常对朋友和同事表现出礼貌和情谊。但是，如果一个同事走了背运，或者在某个方面面临困境之时，那些本应该给予这个朋友或同事最大的安慰、帮助、鼓励或者接济的人们却往往消失得无影无踪。

“彼此之间不要遗弃,”他说,“遗弃不是正当操行,这样做不明智,因为你也会被遗弃。我们应当将他人看做自己。不论是在幸福和痛苦中、在欢乐和悲哀中,还是在好运和厄运中,都要把他人看做我们自己。”

任何人遇到困境和悲伤都会引起某种不快和烦恼,甚至对很多人来说,那将是一种灾难。但是,我们至少应当去尝试做些什么,不期任何回报。因为这是一件合乎礼仪,合乎道德的事情。

黄金规则出现在耶稣诞生之前的 6 个世纪。它所表达的方式可能是最富有同情心的,也可能是对别人最能表达爱心的做法。友善的老子创立的道教,以及稍后睿智的孔子创立的儒家,都表达了相似的情感。“将邻人之得看做你之所得,将邻人之失看做你之所失。”这和《圣经》的教诲具有相同的倾向:“爱你的邻居,就像爱你自己那样。”应用这条规则将会唤醒你的同情心和内心的力量。我们应以慷慨的精神气度来看待他人的能力,宽厚地容忍他人不同的观点和思想。

我们不妨换位思考一下:“当我自己的境况发生逆转的时候,我希望邻居们(在某种意义上,与我们接触的所有人)如何对待我呢?我希望他们如何来对待我的获得呢?是满含着眼红嫉妒吗?我希望他们怎么看待我的损失呢?是希望他们漠不关心、冷酷无情甚至心存恶意吗?即使我们在一个既定的问题上不能达成共识，我是否还是想让我的邻居给我一个表达意见的权利和机会呢？”

我们会发现，内心深处还是会有某种热情关切在涌动着。我们也会注意到，很多思绪涌向心头，我们表现得非常理智，内心非常安宁。毫无疑问，这表明同情的态度、亲切感和耐心正在成为我们内心的指导原则，成为来自心灵的明确指示。

我认识很多人，多年来，他们一直祈祷宁静的心态和耐力，但是他们没有意识到要想达到这一状态惟一的方法是通过练习、行动以及学会同情。这是爱的一个表现方面。先知的法则是：“像爱你自己那样去爱你的邻居。”这是一种转化规则。

老子告诫我们要沉思，心无旁骛地去沉思。将你自己与你的邻居联系在一起，将你与你邻居的联系与道（上帝）联系在一起，将你的心力虔诚地凝聚在这样的联系上，上帝就会因此听到你的呼唤，会以安宁与和平照耀你。但是爱、同情、安宁和温和可能会给有些人打上软弱的标记。我们不要把温和与软弱混淆了。温和的人性格顽强，意志坚定。成为一个温和的人需要付出坚强的意志和毅力，需要投入非凡的个性力量。

“安静下来，你就会懂得上帝。”当合适的机缘到来时，每一个神的化身和宗教的创始者都以他们的温和谦恭而闻名。为了追求更好的和更高的道德标准，他们的力量强大无比，足以改变成千上万人的思想。

“只有当对另外一个人做出对他自己来说是善事的时候，才是本性的善良。”在东方的一些宗教中存在着很多因素，现在却以最卑鄙、最恶劣的方式卷入到冲突、战争、恐怖行动中去。但是从最早的起源来说，他们也意识到道德的力量，并表现出自己的道德行为：对他人的同情、忍耐和个人责任感。

这在锡克教（15 世纪在印度北部创立的一神教，该宗教结合了印度教和伊斯兰教的基本原则）的黄金规则中也有所暗示。例如，在最近的描述中，有这样的话语：“你怎样对待自己，就怎样对待别人，那样你们将会成为天堂里的伙伴。”这样的思想要归功于印度锡克教徒，即从前的印度教教徒，印度教的上师那纳克（Nanak，印度宗教领袖，他脱离正统的印度教建立起锡克教）。他的最高愿望就是协调印度教和穆斯林宗教思想中受神启的建设性因素，使它们和谐一致，和平共处。在 16 世纪，那纳克上师做得非常成功，很受别人敬重。

穆斯林教徒崇拜惟一的真神，印度教徒主张忍耐。穆斯林称他们的神为真主“阿拉”。称呼什么并不重要。穆斯林教徒不仅不反对印度教，相反，他们欣赏并尊敬印度教徒内心深处的虔诚。上师那纳克将两者完美地结合在一起，其主要教义就是只有一个存在、一个力量、一个智慧，所有的一切都来自这个惟一，并最终回归到这个惟一。众所周知，虽然“上帝”这一概念所用的名称和称呼非常之多，但是不管用什么名称，代表的意义都是相同的，都是惟一的一个。

上师那纳克将穆斯林教和印度教两种宗教合二为一，成为锡克教。锡克教鼓励个人的忍耐力和责任感。“你怎样对待自己，就怎样对待他人;那样你们就会成为天堂里的伙伴。”这一黄金规则暗中强调我们要像高度评价自己一样去由衷地赞美他人。这就是说,我们对每一个人都要尊重,都要抱有善意,不管他们的观点与信念是否与我们的一致,我们都要以慈悲为怀,宽容大度。

就像我们希望自己能拥有最绝妙的思想自由和智力选择一样,我们也必须承认,所有其他人的思想和智力也是无价之宝。“成为天堂中的伙伴”这句话指出了我们对他人所负有的责任。

伙伴不仅能够接受并享受联合或合并带来的好处,即不管是婚姻的,还是政治的或者经济的,而且还要承担和接受为争取成功而要担当的相应责任,乐意公平地奉献出自己的一份努力,为保证成功而采取正确的态度。

当我们允许他人享有完全的自由,去思考、去讲话、去崇拜、去投票时,我们应倾注全部身心,把他人当成自己。在合作伙伴关系中,我们所给予的至少和我们期待接受的一样多。

当你专心致志,你对自由的态度也会感觉良好,你会注意到你越来越摆脱了那些琐碎的是非争端。

忍耐和责任是锡克教的两大礼物。这是各种宗教在不同历史时期,在世界范围内的不同地域,就基本信仰问题达成一致的另一个例子。

黄金规则的力量如此强大,以至于在不同语言和不同文化中都被称为“黄金规则”。如果人们普遍遵守这一法则,并将这一法则用于所有的决定、判断和评价中的话,我们的生活将会大为改观。我们会创造一个人间天堂。

如果人类都遵守黄金规则，既能集体遵守也能个人遵守，那就不会再有战争、犯罪和残酷，不会再有野蛮、贫穷和苦难。我们将会享有“地球上的和平和所有人的善意”。当然，这只是个乌托邦(utopia，理想的完美境界；空想的社会改良计划源出英国空想社会主义者托马斯·摩尔所作《乌托邦》一书)而已。

那么，我所陈述的这种设想是空中楼阁吗？昧于实际吗？就集体遵守来说，可能是不太现实。到现在，所有人都意识到存在着统一的神灵，作为家庭、社团、民族，我们应该坚定地信守这些法则并做好准备。

坚持黄金规则，作为个体，你会丰富个人的生活，我们会创造以前所不知道的崭新的天堂、崭新的地球，这绝对不是空中楼阁、昧于实际。事实上，坚持黄金规则将会成为我们生活赖以存在和继续的基础。

尽管冠以不同的名字，但是在人类的心灵中，人们以种种方式顶礼膜拜一个存在，而这个存在不仅是被古代先哲认同的、尊敬的，也是被很多现代人所认可的。

当我们思考黄金规则的时候，我们对这一规则充满了敬意。怀着深爱和善意宽容地对待他人吧，那样我们将会得到无法估量的丰富宝藏，我们将会生活在安宁、和谐与富足中，生活在心灵的天堂中，受到无所不在的惟一存在，即上帝给予众生的最崇高的保护和爱。

小结

你会发现“黄金规则”这一原则就像一条金线，被编织进所有哲学和玄学的主要体系中。该法则可能有不同的说法，但是这一理念的意图却是相同的：我们应当为别人做些什么，允许并希望别人像我们希望自己一样拥有同样的信念、崇拜、贡献和获得的自由。

一旦我们采取这样的态度作为指导我们的伦理规则，那么它就会成为我们日常生活中的强大能量，施加给我们有力的影响。它是我们内心深处的智慧财富，是来自我们每个人心灵的内在指令。

学习人类各种宗教的点点滴滴，就是去了解不同宗教之间的惊人相似性——在思想情感和方法中存在着根本的统一性。

应用黄金规则就是在具体行动中付出你的爱。

这是不是过于简单了？试一试。你可能会有意想不到的惊喜。良好的关系或者美满的婚姻不仅仅是“发生”，它还需要精心的培养和小心的呵护：剔除杂草，施肥滋养，然后爱的花朵才会绽放，呈现缤纷绚丽的色彩，发出芬芳袭人的气息，放射五光十色的美丽。这就是黄金规则的内容。

不管是艰难岁月还是快乐时光，只要付出，你就会有收获。我们应当经常问自己：“我愿意接受并忍受我正在思考的另外一个人的情形吗？”

友善的老子创立的道教，以及稍后睿智的孔子创立的儒家，都表达了相似的情感。“将邻人之得看做你之所得，将邻人之失看做你之所失。”这和《圣经》的训诫具有相同的倾向：“爱你的邻居，就像爱你自己那样。”应用这条规则将会唤醒你的同情心和内心的力量，同时也唤醒了你关心别人的能力。我们应以慷慨的精神气度来看待他人的能力，宽厚地容忍他人不同的观点和思想。

锡克教鼓励个人的忍耐力和责任感。“你怎样对待自己，就怎样对待他人；那样你们就会成为天堂里的伙伴。”这一黄金规则暗中强调我们要像高度评价自己一样去由衷地赞美他人。这就是说，我们对每一个人都要尊重，都要抱有善意，不管他们的观点与信念是否与我们的一致，我们都要以慈悲为怀，宽容大度。

坚持黄金规则，作为个体，你会丰富个人的生活，我们会创造以前所不知道的崭新的天堂、崭新的地球。这绝对不是空中楼阁，昧于实际。事实上，坚持黄金规则将会成为我们的生活赖以存在和继续的基础。

第十一章　展望未来的艺术

展望未来是一门艺术，一门实现我们内心计划和目标的艺术，我们能通过与生俱来的、无限的智慧对内心存在的创造性进行强化兼展望未来。

展望未来也是一门合作的艺术，一门与伟大的生活法则和谐共处的艺术：宇宙万物都来自于普遍的、无限的意识，这一意识被古代先哲称为“神授性”，也称作是仁慈上帝的现实存在。

展望未来是一门形式艺术。韦伯斯特・诺亚（Webster Noah，美国词典编撰者，其主要作品《美式英语大词典》最早出版于1828年）给“展望未来”下的定义是：“意指一种个人的、不可分析的创造性力量，即有意识地去使用技能和创造性想象。”

凭借曾经存在的、现在存在的以及将来仍然会存在的最伟大的力量，想象力就具有了创造力。我们将无限的、创造性的存在称为上帝，上帝总是依照我们内心的想象力和构思过程与我们呼应。

以下问题都能够揭示我们丰富的内心世界，并具有启迪作用。现在，我们来问一问自己：我想象中的未来是个什么样子？我感觉中的未来是个什么样子？我确信的未来是个什么样子？我相信，大家都会认同一点：宇宙中确实存在着古老的、永恒的问题。有时候，我们都会对如下问题充满着好奇："未来为我准备了什么？是我爱着的人呢，还是我要为之献身的事业，或者我赖以生存的职业？我会成为怎样一个人呢？"这些问题又会自动地、连续地引发更多的疑问："是否真的存在着诸如命运、前世注定了今生之类的事情？上帝会为我们的未来负责吗？或者，对于明天要发生的事情我们有什么要说的吗？我们有能力履行自己曾经许下的诺言吗？"

每一个有理性的、有爱心的人都会作出这样的发问。这绝对是合情合理的，这些问题的答案在上帝的真理中就能找到。现在，它们就在心灵深处呼唤我们，我们有能力听到这些问题，而且更重要的是，我们有能力以一种建设性的方式来找到这些问题的答案。

在《圣经》中，我们读到过摩西的故事。摩西从埃及被流放了多年之后，成了一个牧羊人，他整天尽职尽责地看护着羊群。有一天，在放牧时，他突然看到面前的荆棘丛燃烧起来，于是便前去查看这一异象。当站在燃烧的荆棘丛里时，他听到了呼喊声。这是上帝的呼喊。呼喊是个隐喻，它标志着上帝向他召唤与回应这一漫漫长路的开始。同时，这一声呼喊也把他从对未来的所有恐惧以及忧虑中唤醒，从而使他觉悟。

被烈火熊熊燃烧的荆棘丛存在于我们每个人的心灵深处。这是我们内心神授的烈火，如同我们梦想着奋勇崛起的、像火一样熊熊燃烧的希望，我们都想超越现在的自我，想比过去发展得更好，想做得更多、付出得更多、拥有得更多、表现得更多。这烈火是一盏明灯，它照亮来到这个世界上的每一个人。

耶和华在西奈山上对摩西说："你是世界之光。让你的光明照耀在人们面前，这样，他们便能看到你良好的行为。"这是神授的生命之火，是我们在内心燃烧的巨大能量。它不会消耗我们，也不会使我们燃烧殆尽。

不管什么时候，一旦读到不太可能发生的故事，或者是遇到不可能的经历、事件时，我们都要知道，这是提醒我们要用心观察与思考，也就是警告我们去注意所读到的神话传说：那些令人难以置信的故事或者让人魂牵梦萦的神话，是以神话、寓言、讽喻的方式阐述出真理，这就是《圣经》式的语言。

几乎全世界的圣书都在讲述一个相似的传说，即每一个人都是神授火焰的一簇火苗，他们燃烧着，发着光，散着热，充满着能量，蕴藏着潜能。我们来到这个世界就是要意识到神授性的存在，感觉到神授性的存在。

我们这一生的主要目的就是要感知到神授性在我们内心的存在，其他一切都会各就各位，有条不紊，各司其职，和谐共存。这样，我们就会充满信心、从容不迫地面对未来。真理是鼓舞人心的，真理是切实可行的，真理是讲求实际的。真理产生了结果，那就是诞生了像《圣经》、《古兰经》、东方宗教和出于世世代代先哲们之手的“优秀的作品”。在这里,“优秀”的意思是表示有益的形式和结果。

从根本上来说,我们可以通过两种基本的方法去思考未来,接近未来。那就是,我们身处永远不会改变的、无限的、普遍的法则中,要么战战兢兢,如临深渊,如履薄冰地度日如年;要么信心十足地迈向明天,义无反顾,勇往直前。对于未来,我们有两种态度,一种是对未来的观点或者感知持消极态度,这会招致恐惧感(一无是处、罪孽深重的那种感觉);另一种是持积极态度,这会增强我们对未来的信心:我们每个人内心深处都具有非凡能力的信心、天才的信心、高贵品质的信心、崇高理想的信心,以及其他一切。

《出埃及记》中,第一次提到摩西正在放牧羊群时,来到了上帝的山上。在一片荆棘丛的火焰里,上帝的信使(天使)出现在摩西面前。摩西注视着这一切,领悟着这一切。荆棘丛在燃烧着,但是没有被烧毁。

摩西说:“现在我转过脸来,看这伟大的奇异景象——为什么荆棘丛没有被烧毁?”

当上帝看到摩西转过脸来看他时,便召唤他走出荆棘丛,说:“摩西,摩西。”摩西回答(回应)说:“我在这里。”(这是准备好去接受。)摩西准备去倾听上帝的再一次召唤。

万能的上帝说:“你应当把你脚上的鞋脱下来,因为你所站之地是圣地。”

我们现在的意识状态就是“圣地”,这是我们的起始点。我们已经得到很多的教诲和指导:多学,多读书,多上课,多参加有价值的讨论会。这些都非常有益,如果现在还没有受益,最终会大有裨益。虽然我们不理会别人所说的以及他们的各种感知，我们要决定自己的感知、自己的观念、自己的意见。我们被"召唤"着，理性地、诚实地看待沙漠，如同看何烈山(Horeb，即西奈山)是如何被描述为"烤干的、荒凉的、偏僻的"境地。这代表我们每一个人都曾经历并且都曾尝试过的一切方法；当我们丧失了所有的希望，丢失了真理，在困境面前，黔驴技穷、寸步难行、一筹莫展时，是否我们感受到了"圣地"的召唤，它曾是我们辛辛苦苦学会的而现在又把它给丢弃了。

沙漠隐喻为迷惘和无助。当我们在生活中遇到挫折时，都有过萎靡不振、垂头丧气的感觉，我们渴望得到温暖的关怀和理解，这种精神的慰藉如同饥渴之人希求得到清澈甘泉一样。这样的感觉时常会在生活中反复出现，有时是间歇性的，有时会频繁出现。但是我们不应惧怕，只要我们听从上帝的召唤，就站在了"圣地"之上，就像上帝对摩西说的："我们现在立足的地方就是圣地。"

那么，就让我们从这一刻开始看看《圣经》里的沙漠到底是个什么样子吧。那里是惟一的安心之所，我们可以避开嘈杂，避开喧嚣，避开复杂的人事环境，也就是避开经常让人感到沮丧的现实世界。只有到了那里，我们才能仔细审视思想的涓涓细流如何缓缓地流淌，静静地浸润心田。或许我们会吃惊地发现，其中有许多让人追悔莫及的事情和对未来判断不确定的因素。

多少年来，哲学家、心理学家和牧师都曾建议我们活在当下，但是很少有人能够活在当下。我们总是对过去耿耿于怀，揪住失败不肯放下；对未来恐惧不安。可是，实际上，我们除了生活在现在、当下、此刻之外，别无它事。这是一条伟大的真理，我们为未来担忧或者为过去悔恨，然而悔也罢、恨也罢，一切都是在现在、当下、此时此刻。简单地说，过去，就是在意识中出现的旧情旧景；未来，是我们对还没有看到却已经了然于心的情形的关注。可是，我们的关注应该是现在，就是此时此刻。决定我们幸福或者痛苦的不是过去，不是未来，而是现在。所以要做好现在、今天、当下、此刻的事。

不管我们现在的生活环境如何，一旦五种感觉迹象存在我们的意识中，并为我们的意识所接受，或者与我们的想象力和情感相结合，形成创造性意识，那么我们就会全身心投入，懂得我们不会成为屈从于人类错误观念、恐惧和偏见的牺牲品。错误观念、恐惧和偏见是从历史上传承来的，也就是我们被灌输的消极信念，这些消极信念抑制了我们内心深处的巨大创造力。

当摩西转过脸去充满好奇地凝视着燃烧的荆棘丛时，荆棘丛在熊熊烈火中发着光，但是荆棘丛并没有被烧毁。由此而言，物质世界即重大事件。一切琐事、意外事件，首先，从根本上来说，都是意识。我们是通过对光明和能量的追求、渴望去表现一种新生活的。在人类漫长的历史中，意识诞生了，意识存在于我们的内心，并在日常活动和事务中通过我们自身表现出来。

我们只需要“脱掉脚上的鞋子”。这句隐喻性的说法即“去掉”那些意见、先入为主的观点或者偏见，揭开横亘在我们与纯粹的、理性的理解基础和理解范围之间的遮蔽物。还有，《圣经》是一本用隐喻式的、讽喻式的语言阐述伟大的生活原则和纯粹真理的书。理解《圣经》的表现方法或者描述真理的方式，会立即澄清和廓清90%的误解和混淆。而导致对神秘语言的阐释和解读的误解和混淆的原因，仅仅是停留于字面的。

我们是用“双脚”站立的，它既指身体的意义也指字面的意义。但是，显而易见，“双脚”也是隐喻性的用法，“双脚”是一个支撑。因为《圣经》经文的写作既存在着一个内部意义，也存在着一个外部意义，所以“双脚”就成为一个象征或代表我们生活的精神支撑，即我们的理解力、我们的洞察力、我们的态度。

在“转过脸去”中，表示我们需要时间。我们应当抽时间问问我们自己：“我现在站在哪里？我站在什么上？我用什么作为我自己信念的根基和基础？我用什么作为他人信念的根基和基础？我用什么作为上帝信念的根基和基础？我用什么作为世界信念的根基和基础？在愿望和愿望的实现之间可能会有什么充当基础？”

摩西表达出他已经做好了准备，甘之如饴，无怨无悔。他说：“我在这里。”这表示在我现在的意识中，为了完成我的使命，我心甘情愿地去承担我的责任。像摩西那样，一旦得知自己的使命即带领以色列人到上帝为之所预备的地方，那时我们就能理解、接受和控制自己的命运、自己的宿命、自己的运气、自己的未来。这样，我们就能获得成就感、治愈感，能找到鲜活地存在着的仁慈上帝。这就是未来为我们所准备的、比现在所知道的更加美妙的生活。

“宿命”一词通常表示不幸的、悲惨的事件。这样的措词揭示了我们内心深处的思想。除了在我们自己的意识中，没有任何狂暴的神灵能够颁布充满着恶意的、决定我们命运的命令。

这么说来，上帝可靠吗？他赐予了我们一切美好的东西吗？所有美好的东西如太阳、月亮、星星等等，一切都非常必要。我们的责任是感知并努力成为一个接受美好的使者。为了将我们的能力发挥到极致，我们要从意识中去除那些与我们的愿望、目标和目的相反的、相对立的东西。

祈祷和默想将会帮助我们不受侵扰，避免被憎恨、愤怒、恼恨、复仇的欲望所吞噬。一旦出现那些消极情绪，就应当静下心来，转变思路，潜心凝志，相信自己会有更好的出路。原谅你自己：放弃次要的想法、情绪，将精力放在主要方面。放下！让意识产生最完美的效果。否则，我们自己又会受到影响。听听那来自燃烧的荆棘丛的声音吧："我知道我的子民的困苦，我已经看见了他们的痛苦。我下来是引领他们走出那困苦之地，到美好宽阔、流着奶与蜜之地。"

正如你所知道的，上帝任命摩西来引领人们。摩西要求听到上帝开口，以确定上帝的声音，这样就能够告诉人们他是奉谁的权威和力量才这么做的。"上帝对摩西说：'我就是我所是的。对以色列的子民说，我在这里，我的内心使我到你们这里来……安静下来，知道我就是上帝。'"

上述段落明白无误地强调了一个十分重要的事实：《圣经》处理的是原则问题，而不是人物问题。"我是"就是宣布存在着意识——所有人发出的声音："我就是方法，我就是真理，我就是生活。"

当你说"我就是"的时候，你就存在于你内心活着的上帝中，你在宣布你自己是。"我就是我所是的。""我所是"一词表明你想要的、你所渴望的以及你想成就的。第二个"我是"意味着祈祷的内容、愿望的实现和灵感的回应。

"我是"表明你生活在感受、情绪、态度中；"我是"就是成为渴望想成为的。注意，你所崇拜的上帝是“我是”，那你就会顺着这样的思路去思考、去行动。只有通过“我要成就的”，才能真正地去崇拜（你崇拜是因为你把它看成是有价值的）。当你说“我是”的时候，你打算成为什么样的人呢？在“我是”之后，你会发表什么样的观点呢？

你会说“我是——我感到恐惧、害怕、贫穷、不快乐吗?”或者你能做到从容淡定，回答说：“我是——我是永生的、仁爱的上帝的宠儿。我注定要比以前更伟大。我受神灵指导，神灵指导我去生命中的理想境地。在那里，我将充分地展现我的才能，成为神恩，给所有人都带来福祉。‘我是’是世界的最高点，‘我是’与我同在，‘我是’在我们心里：我们有什么好惧怕的，我们惧怕何人?!”

下定决心将“我是感到害怕、我是感到贫穷”等等这样的字眼从你的意识里驱逐出去，否则就否定了我们渴望表达的愿望。哪怕我们对“我是”的感觉和评价仅仅是星星之火，也要用信心和自信的新鲜空气吹动它！关注内心世界，关注“我是”，信心和自信之火必将会燃成燎原之势。那是在我们内心熊熊燃烧的火焰，它会照亮我们的一切活动、一切事务，照亮我们前行的道路。上帝是永恒的——永恒存在，无始无终。内心的永恒就是意识到生命的永恒。我们知道，昨天只是今天的记忆，明天就是今天的梦想。今天，让我们满含着宁静安详的记忆，去拥抱昨天，同时让我们满含着渴望已久的深深爱恋去拥抱未来。

每天千万次地提醒自己：“‘我是’总是与你同在。”“你是我深爱的宠儿，我所拥有的就是你。”

抱定这样的永恒信念，你就会克服贫穷和匮乏，获得成功的信心。你会将所有贫穷和匮乏的想法从意识深处驱逐出去，让它们消失殆尽。为了获得一个康宁、繁荣、富足的未来，请规划好你的潜意识。

小结

几乎全世界的圣书都在讲述一个相似的传说，即每一个人都是神授火焰的一簇火苗，他们燃烧着，发着光，散着热，蕴藏着能量，充满着潜能。我们来到这个世界就是要意识到神授性的存在，感觉到神授性的存在。

从根本上来说，我们可以通过两种基本的方法去思考未来，接近未来。那就是，我们身处永远不会改变的、无限的、普遍的法则中，要么战战兢兢，如临深渊，如履薄冰地度日如年，要么信心十足地迈向明天，义无反顾，勇往直前。对于未来，我们有两种态度：一种是对未来的观点或者感知持消极态度，这会招致恐惧感（一无是处，罪孽深重的那种感觉）；另一种是持积极态度，这会增强我们对未来的信心：我们每个人内心深处都具有非凡能力的信心、天生才能的信心、高贵品质的信心、高尚理想的信心，以及其他一切。

一旦得知自己的使命即带领以色列人到上帝为之所预备的地方，那时我们就能理解、接受和控制自己的命运、自己的宿命、自己的运气、自己的未来。这样，我们就能获得成就感、治愈感，能找到鲜活地存在着的仁慈的上帝。这就是未来为我们所准备的、比现在所知道的更加美妙的生活。

下定决心，将“我是感到害怕、我是感到贫穷”等等这样的字眼从你的意识里驱逐出去，否则就否定了我们渴望表达的愿望。哪怕我们对“我是”的感觉和评价仅仅是星星之火，也要用信心和自信的新鲜空气吹动它！关注内心世界，关注“我是”，信心和自信之火必将会燃成燎原之势。那是在我们内心熊熊燃烧的火焰，它会照亮我们的任何活动、任何事务，照亮我们前行的道路。内心的永恒就是意识到生命的永恒。我们知道，昨天只是今天的记忆，明天就是今天的梦想。今天，让我们满含着宁静安详的记忆，去拥抱昨天，同时让我们满含着渴望已久的深深爱恋去拥抱未来。

励志好书

吸引力旋涡

作　　者：[美] 埃斯特 · 希克斯 杰瑞 · 希克斯
译　　者：严丽娟
ISBN：978-7-5402-5232-8
出版时间：2019 年 1 月
定　　价：35.00 元

◆ 长踞《纽约时报》图书排行榜
◆ 美国亚马逊心灵类热选书，授权 26 国文字翻译
◆ 同系列图书在主持人欧普拉支持下，销售 150 多万册
◆ 张德芬倾心的知名心灵导师希克斯夫妇代表作

内容简介：

打造美好的人际关系，你想什么，就能吸引什么。

现在，吸引力法则广泛流行，长期处于外国媒体的关注焦点上；同时，吸引力法则被中国主流文化圈和众多媒体推崇。众多名人，都对吸引力法则情有独钟。这些，都因为吸引力法则背后的强大力量——吸引力能量涡。你有强大的能力，可以控制自己的方向和力量，去应对各种各样的人和事——创造自己的吸引力能量涡，走出迷茫与困境，获得成功。

作为世界知名的吸引力法则导师，希克斯夫妇通过出版的 800 多部图书影碟和每年 50 个城市的吸引力法则工作坊的宣讲，帮助了世界多国的人们突破困境，走向成功。阅读他们这本代表作，你工作和生活中的问题，对职场、婚姻、家庭等关系的困惑，将得到有效翻转。你将改变思维，感受到自己的价值，进而脱离长久以来的无力感，打造出完美的人际关系，并最终吸引来你真正想要的事物，收获快乐和幸福。

科学验证的改运法

作　　者：[日]中野信子
译　　者：卓文怡
ISBN：978-7-5402-5154-3
出版时间：2018年10月
定　　价：35.00元

◆ 天才脑科学家的洞见之作

◆ 知名高智商团体门萨俱乐部成员畅销书

◆ 引燃自我成长、逆转人生话题，“日本金头脑”中野信子带你找到属于自己的幸福标准。

◆ 解开好运的秘密，活出更好的自己，多个诺贝尔奖得主奉行的幸运法则

◆ 改运的秘密，就在你自己手中。简单的思考和行动法则，让你从此好运连连

内容简介：

当我们看见有人完全不为钱苦恼时，很容易认为有钱真幸福，但其实他们是因为幸福才有钱。

研究显示，幸福的人赚钱的机会较多。在脑科学专家眼中，运气好或不好的人，差别只在行为模式、思考方式和面对事情的态度不同，长年下来，造就了截然不同的人生。

本书从科学的角度来解开好运的秘密，介绍好运人的各种思考和行为模式，得到众多读者认同，迅速登上畅销书榜，相关话题随之广为流行，电视、网站、杂志等媒体竞相报道。学习书中的方法，你同样可以成为好运的人。